高职高专机电类专业系列教材

机械CAD/CAM应用技术项目化教程（Mastercam2019）

主　编　王　凯
副主编　叶　婷
参　编　冯　娟

机械工业出版社

本书从职业院校的实际教学特点出发，根据目前CAD/CAM在机械行业中的应用现状，以Mastercam2019中文版为基础，采用项目化教学方式编写而成。书中内容图文并茂，由浅入深，通过大量的实例使学生快速入门。本书内容包括Mastercam2019入门、二维线框造型、三维曲面绘制、三维实体绘制、车削加工、铣削二维加工、铣削三维加工、四轴加工、五轴加工和数控加工工艺。完成本书的学习后，学生能够掌握Mastercam2019的造型及数控加工编程技术。此外，本书还配有131个带有语音讲解的建模操作视频，以二维码链接形式列于本书附录中，学生通过手机扫描二维码即可观看，从而更加方便、直观地学习Mastercam2019软件应用。

本书可作为职业院校CAD/CAM课程的教学用书，也可作为数控加工岗位培训教材和相关工程技术人员的自学用书。

本书配有电子课件及源文件，凡使用本书作为教材的教师可登录机械工业出版社教育服务网www.cmpedu.com注册后免费下载。咨询电话：010-88379375。

图书在版编目（CIP）数据

机械CAD/CAM应用技术项目化教程：Mastercam 2019/王凯主编. —北京：机械工业出版社，2019.8（2025.1重印）
高职高专机电类专业系列教材
ISBN 978-7-111-63491-1

Ⅰ.①机… Ⅱ.①王… Ⅲ.①数控机床-加工-计算机辅助设计-应用软件-高等职业教育-教材 Ⅳ.①TG659-39

中国版本图书馆CIP数据核字（2019）第179968号

机械工业出版社（北京市百万庄大街22号　邮政编码100037）
策划编辑：王英杰　　　责任编辑：王英杰
责任校对：王　欣　刘志文　封面设计：张　静
责任印制：常天培
固安县铭成印刷有限公司印刷
2025年1月第1版第9次印刷
184mm×260mm·12.5印张·306千字
标准书号：ISBN 978-7-111-63491-1
定价：39.00元

电话服务　　　　　　　　　网络服务
客服电话：010-88361066　　机　工　官　网：www.cmpbook.com
　　　　　010-88379833　　机　工　官　博：weibo.com/cmp1952
　　　　　010-68326294　　金　书　网：www.golden-book.com
封底无防伪标均为盗版　　　机工教育服务网：www.cmpedu.com

前 言

随着计算机技术、信息技术和自动化技术的迅速发展，在制造业中出现了先进制造技术，为制造业注入了新的活力。先进制造技术的核心是计算机辅助设计与制造（Computer Aided Design and Computer Aided Manufacturing，CAD/CAM），CAD/CAM 技术的应用使制造业更加适应生产中的多品种、小批量、复杂及更新换代快的需求。CAD/CAM 技术以计算机及其周边设备和系统软件为基础，包括二维绘图设计、三维几何造型设计、数控自动编程等内容。其特点是将人的创造能力与计算机的高速运算能力、巨大存储能力和逻辑判断能力有效地结合起来。随着 Internet/Intranet 网络和并行高性能计算及事务处理的普及，虚拟设计及实时仿真技术在 CAD/CAM 中得到了广泛应用。目前，CAM 技术已经成为 CAX（CAD、CAE、CAM 等）体系中的重要组成部分，可以直接在 CAD 系统中建立参数化、全相关的三维几何模型并进行数控加工编程，生成准确的加工轨迹和加工代码。

本书以典型的 CAM 系统——Mastercam2019 中文版为基础，按照项目化教学方式的要求编写而成。本书的编写以项目为引导，以任务为驱动，使做、学、教相结合，可以有效提高学生专业能力。全书共分 10 个项目，每个项目包含若干任务，每个任务都具有典型示范性，在任务实施过程中介绍了相关的知识和技能。

为贯彻党的二十大精神，推进教育数字化，编者在智慧职教平台建设了在线课程（在智慧职教-MOOC 学院，搜索课程名称"CAD/CAM 应用"即可），被评为职业教育国家在线精品课程。此外，本书还配有 131 个带有语音讲解的建模操作视频，以二维码链接形式列于本书附录中，学生通过手机扫描二维码即可观看，从而更加方便、直观地学习 Mastercam2019 软件应用。本书建议学时为 52 学时，分配见下表。

项目	内容	建议学时	项目	内容	建议学时
项目一	Mastercam2019 入门	4	项目六	铣削二维加工	4
项目二	二维线框造型	8	项目七	铣削三维加工	6
项目三	三维曲面绘制	6	项目八	四轴加工	6
项目四	三维实体绘制	6	项目九	五轴加工	6
项目五	车削加工	4	项目十	数控加工工艺	2

本书由西安航空职业技术学院王凯、叶婷、冯娟共同编写完成，其中王凯担任主编并负责全书的统稿工作，叶婷担任副主编。王凯编写项目二、项目四、项目七、项目八、项目九，叶婷编写项目三、项目六，冯娟编写项目一、项目五、项目十。

由于编者水平有限，书中难免存在疏漏与欠妥之处，恳请广大读者批评指正。

编　者

二维码清单

资源序号及名称	二维码	资源序号及名称	二维码
1 安装		9 缩放设置	
2 软件启动及许可证查看		10 图素删除及分析	
3 公制英制相互转换		11 点的绘制	
4 界面		12 绘线操作	
5 文件选项卡		13 圆及圆弧的绘制	
6 认识操作管理器		14 矩形绘制	
7 层别设置		15 多边形绘制	
8 抓点设定		16 椭圆绘制	

(续)

资源序号及名称	二维码	资源序号及名称	二维码
17 螺旋线		27 直角阵列	
18 修剪打断延伸分割		28 伸、比例	
19 倒圆角倒角		29 标注	
20 串连设置		30 注释、剖面线	
21 动态转换		31 二维线框综合（一）	
22 平移、转换到面		32 二维线框综合（二）	
23 旋转、投影		33 二维线框综合（三）	
24 移动到原点		34 二维线框综合（四）	
25 缠绕		35 二维线框综合（五）	
26 补正		36 二维线框综合（六）	

(续)

资源序号及名称	二维码	资源序号及名称	二维码
37 二维线框综合（七）		47 直纹、举升曲面	
38 二维线框综合（八）		48 曲面补正	
39 新功能-分割扩展		49 围篱曲面	
40 平面管理器		50 平面修剪	
41 基本曲面创建		51 修剪到曲线	
42 拉伸曲面		52 修剪到曲面	
43 扫描曲面		53 修剪到平面	
44 旋转曲面		54 填补内孔	
45 拔模牵引曲面		55 曲面延伸	
46 网格曲面		56 曲面倒圆角	

(续)

资源序号及名称	二维码	资源序号及名称	二维码
57 曲面综合(一)		67 曲面生成实体	
58 曲面综合(二)		68 拉伸实例	
59 曲面综合(三)		69 实体孔设置	
60 曲面综合(四)		70 工程图	
61 基本实体		71 实体倒圆角	
62 拉伸实体		72 实体倒角	
63 旋转实体		73 实体抽壳、修剪	
64 扫描实体		74 实体阵列	
65 举升实体		75 薄片实体加厚	
66 实体布尔运算		76 实体拔模	

（续）

资源序号及名称	二维码	资源序号及名称	二维码
77 实体综合（一）		87 二维外形铣削加工	
78 实体综合（二）		88 平面铣削加工	
79 数控加工工艺基础内容		89 挖槽铣削加工	
80 工序的划分		90 键槽铣削加工	
81 数控程序编制基础		91 二维雕刻加工	
82 加工中常用工艺文件		92 动态二维铣削加工	
83 加工设置界面基础		93 动态外形铣削加工	
84 刀路属性设置		94 区域铣削加工	
85 刀具的选择与设置		95 剥铣铣削加工	
86 加工共同参数设置		96 熔接铣削加工	

(续)

资源序号及名称	二维码	资源序号及名称	二维码
97 钻孔加工		107 多曲面挖槽粗铣加工	
98 全圆铣削		108 投影粗铣加工	
99 螺旋铣削		109 等高铣削精加工	
100 二维铣削综合		110 环绕铣削精加工	
101 三维挖槽粗铣加工（凸台）		111 混合铣削精加工	
102 三维挖槽粗铣加工（凹槽）		112 平行铣削精加工	
103 三维平行粗铣加工		113 放射铣削精加工	
104 钻削粗铣加工		114 螺旋铣削精加工	
105 优化动态粗铣加工		115 车削加工线框及准备设置	
106 区域粗铣加工		116 车削毛坯的设置	

（续）

资源序号及名称	二维码	资源序号及名称	二维码
117 粗车加工设置		125 四轴外形加工	
118 精车加工设置		126 四轴钻孔加工	
119 车削-沟槽加工		127 四轴加工综合-零件分析	
120 车螺纹		128 四轴加工综合-加工设置及仿真验证	
121 车端面		129 五轴加工综合（一）	
122 车削-钻孔加工		130 五轴加工综合（二）	
123 车削-切断加工		131 五轴加工综合（三）	
124 四轴挖槽加工			

目　　录

前言
二维码清单
项目一　Mastercam2019 入门 ··· 1
　　任务一　初识 Mastercam2019 ··· 1
　　任务二　绘制基本要点 ··· 3
　　任务三　通用设置 ·· 6
　　任务四　串连选项的操作 ·· 11
项目二　二维线框造型 ·· 13
　　任务一　二维线框综合（一） ··· 13
　　任务二　二维线框综合（二） ··· 16
　　任务三　二维线框综合（三） ··· 19
　　任务四　二维线框综合（四） ··· 22
　　任务五　二维线框综合（五） ··· 25
　　任务六　二维线框综合（六） ··· 28
　　任务七　二维线框综合（七） ··· 33
　　任务八　二维线框综合（八） ··· 36
　　任务九　Mastercam2019 新功能——分割命令的扩展 ························ 39
项目三　三维曲面绘制 ·· 41
　　任务一　扫描曲面 ·· 41
　　任务二　网格曲面 ·· 43
　　任务三　直纹/举升曲面 ··· 47
　　任务四　特殊网格曲面 ·· 49
　　任务五　Mastercam2019 新功能——编辑曲面命令扩展 ····················· 52
项目四　三维实体绘制 ·· 54
　　任务一　实体综合（一） ··· 54
　　任务二　实体综合（二） ··· 57
　　任务三　Mastercam2019 新功能——推拉命令和快捷创建实体孔 ··········· 62
项目五　车削加工 ··· 65
　　任务一　车削加工基础 ·· 65

任务二	车削综合加工（一）	71
任务三	车削综合加工（二）	76
任务四	Mastercam2019新功能——分段车削	79

项目六　铣削二维加工 82

任务一	铣削综合加工（一）	82
任务二	铣削综合加工（二）	90
任务三	铣削综合加工（三）	97
任务四	铣削综合加工（四）	102
任务五	Mastercam2019新功能——铣削关联应用	106

项目七　铣削三维加工 108

任务一	网格曲面加工	108
任务二	举升曲面加工	114
任务三	特殊网格曲面加工	117
任务四	扫描曲面加工	118
任务五	数控加工后置处理	123

项目八　四轴加工 126

任务一	简单零件的四轴加工	126
任务二	复杂零件的四轴加工	129

项目九　五轴加工 134

任务一	外轮廓五轴加工	134
任务二	球面五轴加工	155
任务三	内轮廓五轴加工	164
任务四	Mastercam2019新功能——刀路分析	177

项目十　数控加工工艺 179

参考文献 193

项目一　Mastercam 2019入门

任务一　初识 Mastercam2019

【任务描述】

1) 通过本任务的学习，快速认识 Mastercam2019 软件各模块的用途。
2) 熟悉 Mastercam2019 操作界面的构成。

【任务分析】

学习软件操作的第一步是认识操作界面。只有对界面熟悉，才能掌握软件的操作方法。第一次启动 Mastercam2019 时，其界面如图 1-1-1 所示，包括标题栏、工具栏、操作管理器、属性状态栏、绘图区等。

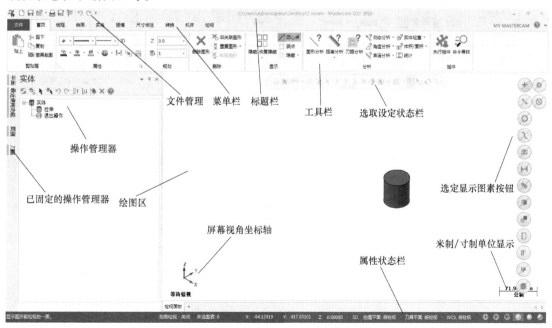

图 1-1-1　Mastercam2019 操作界面

【知识链接】

1. 标题栏

标题栏显示了软件名称、当前所使用的模块、当前打开的路径及文件名称。

2. 菜单栏

菜单栏包含从设计到加工及环境设置等用到的所有命令。各菜单的使用方法将在后续任务中分别介绍。菜单栏如图 1-1-2 所示。

图 1-1-2　菜单栏

3. 文件管理

文件管理区域主要是进行新文件的创建，文件保存与已保存文件的启动，文件另存为，文件压缩和撤销步骤、恢复步骤的管理区。

4. 绘图区

绘图区主要用于创建、编辑、显示几何图形，产生刀具轨迹和模拟加工区域。在其中单击鼠标右键会弹出快捷菜单，可以操作视图、抓取点以及去除颜色。

5. 工具栏

工具栏中的每一个按钮都存在于菜单栏的每一个选项下，各工具的使用方法将在后续任务中介绍。图 1-1-3 所示为首页工具栏。

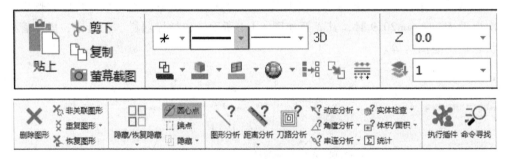

图 1-1-3　首页工具栏

6. 选取设定状态栏

选取设定状态栏的主要作用是确定线条绘制中点的抓取设置，也可直接输入坐标值来绘制线条，具体操作方法将在后续任务中介绍。图 1-1-4 所示为抓取设定状态栏。

图 1-1-4　抓取设定状态栏

7. 操作管理器

操作管理器相当于其他软件的特征设计管理器，可包括多个标签页，具体设置将在后续任务中介绍。图 1-1-5 所示为实体操作管理器。

8. 已固定的操作管理器

此菜单为已经固定到左方的操作管理器，可在操作管理器顶部单击【隐藏】按钮进行隐藏。

9. 选定显示图素按钮

这些按钮用于选择仅限选择项目或全部选择项目，具体选项有选择全部图形、仅选取图形等。

10. Mastercam2019 的操作及控制方法

Mastercam 是使用鼠标与键盘输入来操作的。单击鼠标左键一般用于选择命令或图素，单击鼠标右键则会根据不同命令出现相应的快捷菜单。

图 1-1-5　实体操作管理器

任务二　绘制基本要点

【任务描述】

认识文件选项卡和操作管理器。

【知识链接】

一、认识文件选项卡

单击菜单栏中的【文件】按钮，可以转换到【文件选项卡】界面。这里主要介绍文件选项卡中的【讯息】【配置】和【选项】按钮及其功能和用途。文件选项卡首页如图 1-2-1 所示，【首页】界面菜单栏如图 1-2-2 所示。

1.【讯息】界面

【讯息】界面主要用于检视所打开文件的属性，如文件尺寸、类型、单位等。具体属性如图 1-2-1 所示。

2.【配置】按钮

单击文件选项卡主页中的【配置】按钮，会弹出【系统配置】菜单栏，如图 1-2-3 所示。在菜单栏首页有【分析】【公差】和【颜色】等按钮，可以设置分析测量单位和精度等内容。

单击【颜色】按钮，可以替换 Mastercam2019 中各项属性的颜色。其他系统配置按钮将在后续任务中逐一介绍。

3.【选项】按钮

单击文件选项卡主页中的【选项】按钮，弹出【选项】菜单栏，如图 1-2-4 所示。在【选项】菜单栏中，可以在文件管理列表中增减其他选项卡，用鼠标左键单击选中需要增加的命令，再单击【增加】按钮，设置完成后单击【确定】按钮即可。

图 1-2-1　文件选项卡

图 1-2-2　【首页】界面菜单栏

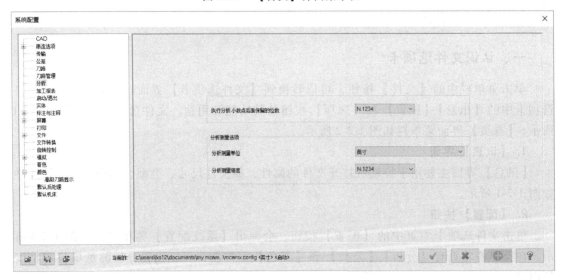

图 1-2-3　【系统配置】菜单栏

二、认识操作管理器（层别、平面管理）

1. 操作管理器

操作管理器的常用管理对象有 5 种，分别是刀路、层别、实体、平面和最近使用功能。【管理】工具栏和【层别】管理器分别如图 1-2-5 和图 1-2-6 所示。

项目一　Mastercam2019入门

图 1-2-4　【选项】菜单栏

图 1-2-5　【管理】工具栏　　　　　　图 1-2-6　【层别】管理器

2.【平面】管理器的设置

【平面】管理器主要用于管理和设置视角，又称屏幕视角、工作坐标系、平面、构图平面与

图1-2-7 【平面】管理器

刀具平面等。【平面】管理器中的视图名称虽然指的是二维视图,但实际上是按右手定则来确定垂直轴,因此实际上是三维坐标系,图1-2-7中默认的九个视图的原点为世界坐标系原点。

工具栏中各按钮的功能见表1-2-1。

表1-2-1 工具栏中各按钮的功能

按钮	功能
+	创建新平面
▶	选择车削平面
Q	寻找一个平面
=	设置当前WCS的绘图平面、刀具平面及原点为选择的平面
↶	重置WCS绘图平面和刀具平面为原始状态
▤	隐藏平面属性
✿	显示选项
S	跟随规则

任务三 通用设置

【任务描述】

1)认识选择工具栏。
2)掌握尺寸标注方法。
3)了解图形属性设置方法。

【知识链接】

一、选择工具栏

选择工具栏如图1-3-1所示。

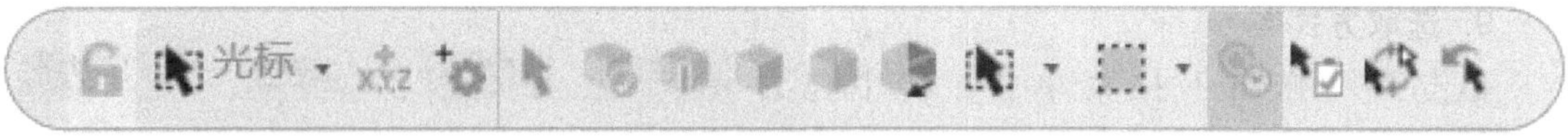

项目一 Mastercam2019入门

图 1-3-1 选择工具栏

1. 光标

单击【光标】按钮,弹出【光标】菜单栏,如图 1-3-2 所示。

2. 输入坐标点

绘制图形时单击 x,y,z,弹出坐标输入文本框 ,在其中输入图形的坐标点(x,y,z),然后单击【Enter】键确定坐标。

3. 抓点设定

单击,弹出图 1-3-3 所示的【自动抓点设置】对话框,在对话框内可设定需要自动抓点的选项。

图 1-3-2 【光标】菜单栏

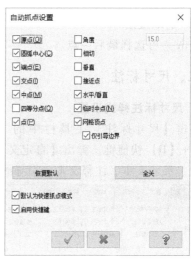

图 1-3-3 【自动抓点设置】对话框

4. 选取实体

单击可选择绘制的实体。

5. 选取实体边界

单击可选择绘制的实体边界。

6. 选取实体面

单击可选择绘制的各实体面。

7. 选取主体

单击可选择绘制的主体。

8. 选取背面

单击可选择绘制的实体背面。

9. 选取方式

单击 弹出下拉菜单栏，其中包含 自动、串连、窗选、多边形、单体、区域 和 向量 按钮。

单击 弹出下拉菜单栏，其中包含范围内、范围外、内相交、外相交、交点五种窗选方式。

10. 临时中心点

单击 可设置临时中心点。

11. 选取验证

单击 验证选取。

12. 反选

单击 可选择所单击图形外的其他图形。

13. 选取最后

单击 可选择最后一点。

二、尺寸标注

1. 尺寸标注样式设置

单击【尺寸标注】工具栏中的【尺寸标注设置】按钮，如图 1-3-4 所示，或者按【Alt】+【D】快捷键，弹出【自定义选项】对话框，如图 1-3-5 所示，在其中可以设置尺寸属性、尺寸文本、注释文本、引导线/延伸线和尺寸标注等内容。

图 1-3-4 【尺寸标注】工具栏

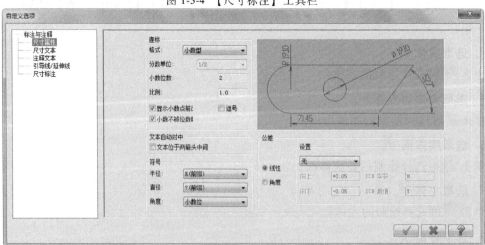

图 1-3-5 【自定义选项】对话框

2. 尺寸标注操作

（1）线性标注　线性标注包括水平标注、垂直标注和平行标注。水平标注用来标注任意两点之间的水平距离；垂直标注用来标注任意两点之间的垂直距离；平行标注用来标注任意两点间的距离，且尺寸线平行于两点的连线。

（2）基线标注和串连标注　基线标注用于以一存在的尺寸标注为基准来标注其他尺寸，要注意设置合适的基线标注间隔；串连标注用于以一存在的尺寸标注为基准来连续标注其他尺寸。基线标注方法是在系统提示下选择线性尺寸，再给出第二端点，以此类推完成标注。串连标注和基准标注方法相似，可参照基线标注方法完成串连标注。

（3）角度标注　角度标注用于标注两直线间或者圆弧的角度值。在系统提示下选择要标注的角度线或圆弧。

（4）直径标注　用于标注圆弧的直径或半径。

（5）垂直标注　用于标注两条平行线间或点到直线的法向距离。

（6）相切标注　用于完成点和圆弧、直线和圆弧以及圆弧和圆弧间的切线标注。

（7）点位标注　用来标注点的坐标。

3. 其他标注

（1）剖面线　用来对各种剖视图进行图案填充。

单击【尺寸标注】→【剖面线】按钮，弹出【串连选项】对话框，如图1-3-6所示。可根据需要选择图样，确定参数，单击【确认】按钮，结果如图1-3-7所示。

图1-3-6　【串连选项】对话框

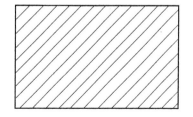

图1-3-7　剖面线标注实例

（2）引导线　引导线是按照需要手工绘制的带有箭头的引线。在【尺寸标注】工具栏中选择【引导线】按钮，在系统提示下绘出需要的引导线。

（3）注解　单击【尺寸标注】→【注解】按钮，对图形进行附加说明。

4. 快速标注

单击【尺寸标注】→【快速标注】按钮，弹出【尺寸标注】对话框，如图1-3-8所示。可根据图素类型自动标注出圆、圆弧、直线等的尺寸。

选择快速标注后，可在【字型格式】对话框中单击【高度】按钮，系统弹出【高度】对话框，如图1-3-9所示，可在对话框中设置文字高度；在【字型格式】对话框中单击【编辑文字】按钮，弹出【编辑尺寸文本】对话框，如图1-3-10所示，可根据图素输入文字。编辑完成后如图1-3-11所示。

图1-3-8 【尺寸标注】对话框

图1-3-9 【高度】对话框

图1-3-10 【编辑尺寸文本】对话框

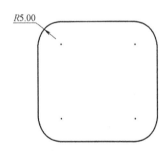

图1-3-11 尺寸编辑完成

三、图形属性设置

图形又称为图素，包括点、线型、线宽、颜色、层别等的设置。编辑和修改等在【主页】功能区中可看到属性设置快捷栏，如图1-3-12所示。

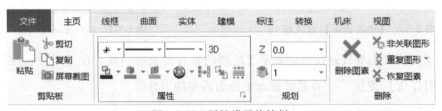

图1-3-12 属性设置快捷栏

（1）设置"点"按钮 *、设置"线型"按钮———、和设置"线宽"按钮———、可根据需要单击这些按钮右侧的下拉按钮选择不同操作类型。

（2）设置"线框颜色"按钮、设置"曲面颜色"按钮、设置"实体颜色"按钮 可根据需要单击右侧下拉按钮设置图素颜色。

（3）清除颜色按钮 在旋转、镜射等操作后用来清除图素颜色。

任务四 串连选项的操作

【任务描述】

1）了解串连选项的使用。
2）熟悉【串连选项】对话框的构成。
3）了解【串连选项】按钮的使用方法。
4）了解需要用到串连选项的命令。

【知识链接】

图 1-4-1 所示为【串连选项】对话框。

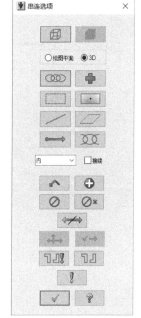

（1）串连选项 用于选取多个首尾相连的图素，单击【串连】按钮 进行选择可以将其全部选中，如图 1-4-2 所示。

（2）单体选项 用于单个图素的选取，如图 1-4-3 所示。

（3）部分串连选项 用于选取多个没有形成环形的图素，单击部分串连选项按钮 ，在开头、结尾处各单击一次，如图 1-4-4所示。

（4）连续按钮选项 选择串连选项按钮时，所选定的串连箭头以单段呈现，一般用于线段较多的完整图形的选择。

（5）选择上次选项 再次选择上一个串连图形。

（6）结束选择选项 结束正在选择的串连选项，接着可以选择其他串连选项。

（7）撤销选择选项 用于取消之前的选择操作。

（8）撤销所有选项 用于取消所有被选择的串连选项。

图 1-4-1 【串连选项】对话框

图 1-4-2 串连

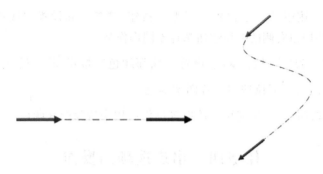

图 1-4-3　单体

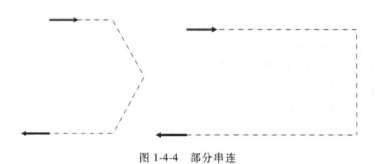

图 1-4-4　部分串连

项目二 二维线框造型

任务一 二维线框综合(一)

【任务描述】

运用相关命令完成图 2-1-1 所示二维线框的绘制。

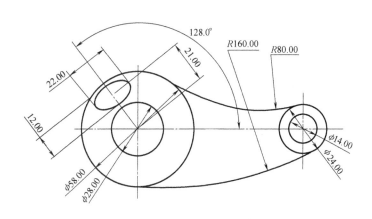

图 2-1-1 二维线框综合(一)

【任务分析】

本任务需要使用的命令有圆、切弧、线段、椭圆绘制命令和旋转命令。

【知识链接】

旋转命令用于将选取的图素绕旋转中心点旋转一定角度,旋转类型包括移动、复制和连接。单击【转换】→【旋转】按钮,如图2-1-2所示,在系统提示下选择要旋转的图素,按【Enter】键确认后系统弹出【旋转】对话框,

图 2-1-2 【旋转】按钮

在其中完成图素的旋转操作。

【任务实施】

步骤一　单击菜单栏中的【线框】按钮，单击【已知点画圆】按钮，在弹出的对话框中输入绘制参数，如图 2-1-3 所示。

步骤二　以原点为圆心，分别绘制直径为 58mm 与 24mm 的两个圆；单击【应用】按钮，系统将继续提示输入圆心点，输入圆心坐标（85，0，0），绘制直径为 24mm 与 14mm 的两个圆，按【Enter】键确认，单击【确定】按钮完成绘图。

步骤三　单击【线框】工具栏中的【切弧】按钮，弹出图 2-1-4 所示的【切弧】对话框；选择【两物体切弧】方式，输入圆弧半径"80"，依次选择直径为 58mm、24mm 的两个圆作为将要相切的图素，最后从出现的多个圆弧中选择所需要的圆弧，单击【确定】按钮。同样操作绘制半径为 160mm 的切弧，如图 2-1-5 所示。

图 2-1-3　【已知点画圆】对话框

图 2-1-4　【切弧】对话框

步骤四　单击【线框】菜单栏中的【任意线】按钮，以 φ58.00mm 圆的圆心为基准，画出长 21mm，与 x 轴成 128°夹角的线段，如图 2-1-6 所示。

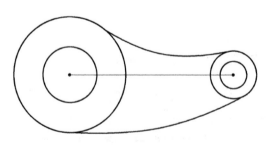

图 2-1-5　绘制整圆与圆弧

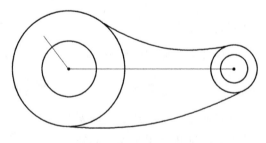

图 2-1-6　绘制线段

步骤五　单击线框，单击【矩形】按钮，在下拉菜单中选择【椭圆】，弹出图 2-1-7 所示的【椭圆】对话框，椭圆中心点为步骤四所画的线段终点，绘制完成后如图 2-1-8 所示。

项目二 二维线框造型

图 2-1-7 【椭圆】对话框

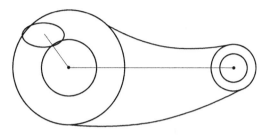

图 2-1-8 绘制椭圆

步骤六 单击【转换】→【旋转】按钮,弹出图 2-1-9 所示的【旋转】对话框。选取的旋转图素为步骤五所画的椭圆,旋转中心点为步骤四所画线段的终点,输入旋转角度 38°,按【Enter】键完成旋转。将多余的图素修剪掉,绘制完成如图 2-1-10 所示。

图 2-1-9 【旋转】对话框

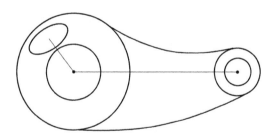

图 2-1-10 绘制完成

【任务评价】

序号	评价内容与要求	分值	自我评价（25%）	小组评价（25%）	教师评价（50%）
1	学习态度	20			
2	能运用图形编辑命令绘制直线和切弧	10			
3	能运用圆命令绘制圆	10			
4	能熟练运用层别设置功能	10			
5	任务实施方案的可行性,完成速度	20			
6	学习成果展示与问题作答	10			
7	安全、规范、文明操作	20			
	总分	100	合计:		

任务二 二维线框综合（二）

【任务描述】

运用相关命令完成图 2-2-1 所示二维线框的绘制。

【任务分析】

用到的命令有圆、切线、三物体切弧、多边形绘制和旋转转换命令。

【知识链接】

单击【线框】→【矩形】→【多边形】按钮，系统弹出【多边形】对话框。正多边形是通过其内接或外切虚拟圆来定义的，也可根据需要将正多边形的棱边倒圆角或旋转一定角度。

【任务实施】

步骤一　在【线框】菜单栏中单击 ⊙ 按钮，绘制直径为 20mm 的圆，如图 2-2-2 所示。

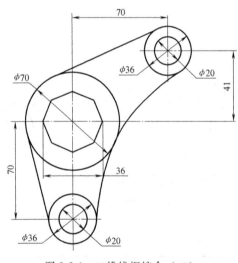

图 2-2-1　二维线框综合（二）

图 2-2-2　已知点画圆

步骤二　单击 按钮，输入圆心坐标点（0，0，0），单击 按钮完成绘制。

步骤三　按步骤二绘制圆心坐标为（0，0，0），直径为 36mm 的圆；圆心坐标为（0，70，0），直径为 70mm 的圆；以及圆心坐标为（70，111，0），直径分别为 20mm 和 36mm 的圆，如图 2-2-3 所示。

步骤四　单击【线框】→【矩形】→【多边形】按钮 ⬠ 多边形，在弹出的对话框中输入边数 8，半径 18，选择为内切圆，旋转角度为 22.5°。再单击 按钮，输入多边形坐标点

(0, 70, 0), 完成多边形的绘制, 如图2-2-4所示。

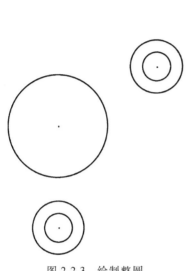

图2-2-3 绘制整圆

图2-2-4 多边形绘制参数

步骤五 选择【线框】菜单栏,单击 按钮,单击两圆相切位置绘制切线,如图2-2-5所示。

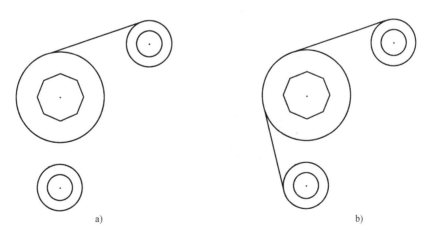

a)   b)

图2-2-5 绘制切线

步骤六 单击【线框】→【切弧】按钮,按照图2-2-6设置切弧方式,选取【三物体切弧】选项。按照图2-2-7所示顺序单击切弧的三个整圆,然后单击【确定】按钮,绘制完成后如图2-2-8所示。

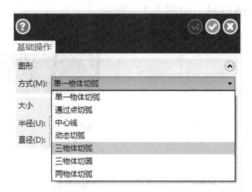

图 2-2-6　设置切弧方式

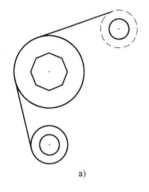
a)
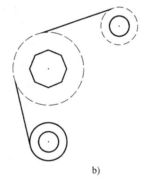
b)
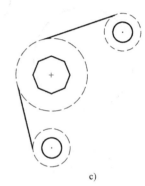
c)

图 2-2-7　选择切弧顺序

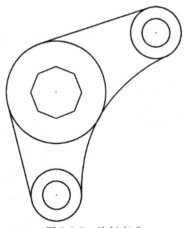

图 2-2-8　绘制完成

【任务评价】

序号	评价内容与要求	分值	自我评价（25%）	小组评价（25%）	教师评价（50%）
1	学习态度	20			
2	能运用图形编辑命令绘制直线及切弧	10			
3	能运用图形编辑命令绘制整圆	10			

（续）

序号	评价内容与要求	分值	自我评价（25%）	小组评价（25%）	教师评价（50%）
4	能熟练运用层别设置功能	10			
5	任务实施方案的可行性，完成速度	20			
6	学习成果展示与问题作答	10			
7	安全、规范、文明操作	20			
	总分	100	合计：		

任务三　二维线框综合（三）

【任务描述】

运用相关命令完成图 2-3-1 所示二维线框的绘制。

【任务分析】

本任务需要使用多边形、圆、旋转、切弧等命令。

【知识链接】

圆弧是组成几何图形的基本图素之一。Mastercam2019 提供了两种绘制圆的方法和五种绘制圆弧的方法。单击【线框】→已知边界点画圆】按钮 右侧的下拉菜单按钮，如图 2-3-2 所示，其中有【已知边界点画圆】【两点画弧】【极坐标画弧】和【极坐标点画弧】选项。

画圆弧时，可根据实际情况，选择不同的圆弧绘制方式，然后根据状态栏提示完成操作。

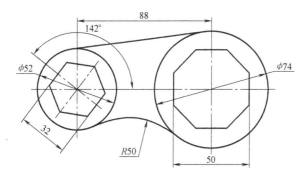

图 2-3-1　二维线框综合（三）

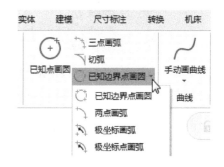

图 2-3-2　【已知点画圆】菜单

【任务实施】

步骤一　单击【线框】菜单栏中的【已知点画圆】按钮，系统提示输入圆心点。单击图 2-3-3 所示选择工具栏中的 按钮，输入圆心坐标（0，0，0），设置圆直径为"52"，单击【应用】按钮；继续按系统提示进行画圆操作，输入第二个圆的圆心坐标点（88，

19

0，0），单击【确定】按钮，如图2-3-4所示。

图2-3-3　选择工具栏

步骤二　单击【线框】工具栏中的【任意线】按钮，勾选【相切】复选框，如图2-3-5所示，单击【确认】按钮，绘制完成后如图2-3-6所示。

步骤三　单击【线框】工具栏中的【切弧】按钮，弹出图2-3-7所示的【切弧】对话框。选择【两物体切弧】选项，输入圆半径"50"，依次选择两个圆作为要相切的图素，最后从出现的多个圆弧中选择所需要的圆弧，单击【确定】按钮，绘制完成后如图2-3-8所示。

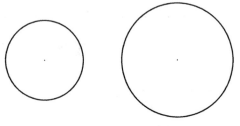

图2-3-4　绘制整圆

图2-3-5　切线设置

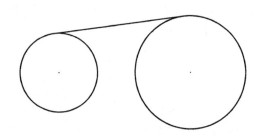

图2-3-6　绘制切线

图2-3-7　【切弧】对话框

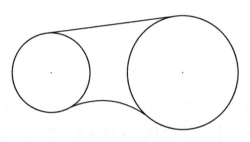

图2-3-8　绘制切弧

步骤四 单击【线框】菜单栏中的【多边形】按钮⬠，在图 2-3-9 所示的对话框中输入多边形边数"6"，半径"16"，旋转角度为 142°。然后单击 按钮，输入多边形中心点的坐标（0，0，0），单击【确定】按钮 ，绘制完成后如图 2-3-10 所示。

图 2-3-9 【多边形】对话框

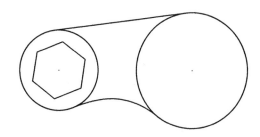

图 2-3-10 多边形绘制完成

步骤五 再次单击【线框】工具栏中的【多边形】按钮⬠，在【多边形】对话框中输入多边形边数"8"，半径"25"，旋转角度为 0°，然后输入其中心点坐标（88，0，0），按【Enter】键确认，即完成绘制。

【任务评价】

序号	评价内容与要求	分值	自我评价（25%）	小组评价（25%）	教师评价（50%）
1	学习态度	20			
2	能运用图形编辑命令绘制直线及切弧	10			
3	能运用图形编辑命令绘制整圆和多边形	10			
4	能熟练运用层别设置功能	10			
5	任务实施方案的可行性，完成速度	20			
6	学习成果展示与问题作答	10			
7	安全、规范、文明操作	20			
	总分	100	合计：		

任务四 二维线框综合（四）

【任务描述】

用【旋转】命令等绘制图 2-4-1 所示的二维线框。

【任务分析】

本任务需要使用圆绘制命令和旋转命令。

【知识链接】

1. 旋转命令

Mastercam2019 的图形编辑命令在【转换】菜单下。旋转命令是绘图时经常用到的命令，Mastercam2019 提供多种旋转方式，可以选择复制旋转，也可以选择移动旋转和连接旋转。

2. 旋转命令选择

单击【转换】→【旋转】按钮，如图 2-4-2 所示，在弹出的对话框中选择相应功能。

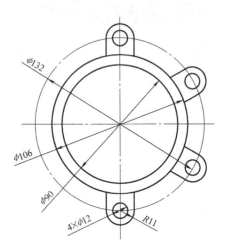

图 2-4-1 二维线框综合（四）

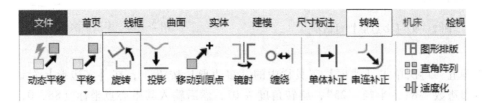

图 2-4-2 【旋转】按钮的位置

3. 旋转命令操作

单击【旋转】命令后，绘图区后出现图 2-4-3 所示的按钮，分别为【结束选取】按钮（用于结束选择旋转线段）和【清除选取】按钮（用于清除全部已选择线段）。

选择要旋转的要素，单击【结束选取】按钮，可在图 2-4-4 所示的【旋转】对话框中，将旋转方式设置成复制、移动或连接方式，还可以设置旋转中心点、阵列数量和角度等参数。

【实例操作】

步骤一　将层别设置为标注层，并在首页菜单栏下将线型设置为点画线，如图 2-4-5 所示。

步骤二　单击【线框】菜单栏中的【已知点画圆】按钮 ⊕，弹出【已知点画圆】对话框，输入半径"45"，如图 2-4-6 所示。

图 2-4-3 【选取】按钮　　　　　　图 2-4-4 【旋转】对话框

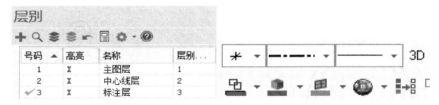

图 2-4-5 层别、线型设置

步骤三　单击绘图区上部的【游标】按钮，然后单击下拉菜单中的【原点】按钮，在【已知点画圆】对话框中输入直径"132"，绘制分别平行于 x 轴、y 轴，并经过原点的点画线。绘制完成后如图 2-4-7 所示。

步骤四　将层别设置为主图层，线型设置为粗实线。

步骤五　单击【线框】→【已知点画圆】按钮，绘制 ϕ90mm、ϕ106mm 圆，绘制完成后如图 2-4-8 所示。

步骤六　以 y 轴正方向与 ϕ132mm 圆的交点为圆心，分别绘制 ϕ12mm 圆和 R11mm 圆。单击【任意线】按钮，在绘图区顶端选项栏中单击【抓点设定】按钮，勾选【抓点

图 2-4-6 【已知点画圆】对话框

设定】对话框中的【四等分点】选项 ，绘制两条平行于 y 轴，且与 R11 圆相切的直线，绘制完成后如图 2-4-9 所示。

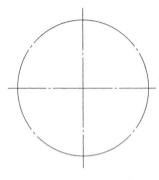

图 2-4-7 绘制点画线

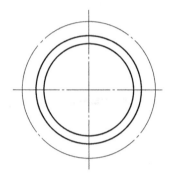

图 2-4-8 绘制整圆

步骤七 利用裁剪工具，修剪多余的图素。单击【线框】→【修剪工具】→【划分修剪】按钮，修剪多余的图素，修剪后如图 2-4-10 所示。

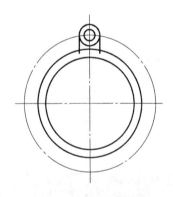

图 2-4-9 绘制顶部图素

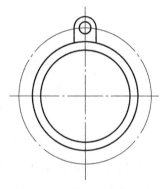

图 2-4-10 修剪多余的图素

步骤八 单击【转换】→【旋转】按钮，选择要旋转阵列的图素，如图 2-4-11 所示。

步骤九 选择阵列数量为 3，旋转角度为 -60°，如图 2-4-12 所示。旋转阵列完成后如图 2-4-13 所示。

步骤十 将层别设置为标注层，单击【尺寸标注】→【快速标注】按钮，选择图素进行标注。

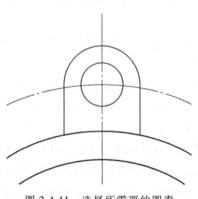

图 2-4-11 选择所需要的图素

项目二 二维线框造型

图 2-4-12 旋转阵列设置

图 2-4-13 旋转阵列完成

【任务评价】

序号	评价内容与要求	分值	自我评价（25%）	小组评价（25%）	教师评价（50%）
1	学习态度	10			
2	能运用图形编辑命令绘制点画线	20			
3	能运用图形编辑命令绘制整圆	10			
4	能熟练运用层别设置功能	10			
5	能熟练运用阵列命令	10			
6	任务实施方案的可行性，完成速度	10			
7	学习成果展示与问题作答	10			
8	安全、规范、文明操作	20			
	总分	100	合计：		

任务五 二维线框综合（五）

【任务描述】

运用相关命令完成图 2-5-1 所示二维线框的绘制。

【任务分析】

本任务使用的命令有圆和矩形的绘制命令，以及阵列、旋转命令。

【知识链接】

通过图 2-5-2 所示的【旋转】对话框完成旋转操作。【阵列】命令用于将选取的图素沿一定方向进行复制。单击【转换】→【直角阵列】按钮 ，弹出图 2-5-3 所示对话框，选择要阵列的图素后在图 2-5-4 所示的参数设置对话框中设置各参数。

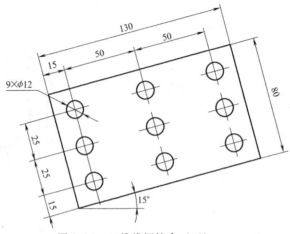

图 2-5-1 二维线框综合（五）

图 2-5-2 【旋转】对话框

图 2-5-3 【直角数组】对话框

【实例操作】

步骤一 在【线框】菜单栏中单击【矩形】按钮，参数设置如图 2-5-5 所示，绘制完成的矩形如图 2-5-6 所示。

步骤二 单击【线框】→【已知点画圆】按钮，在弹出的对话框中输入圆的直径"12"，如图 2-5-7 所示。单击 按钮，输入圆心坐标（15，15，0），完成圆的绘制，如图 2-5-8 所示。

步骤三 单击【转换】→【旋转】按钮，参数设置如图 2-5-9 所示，旋转完成后如图 2-5-10 所示。

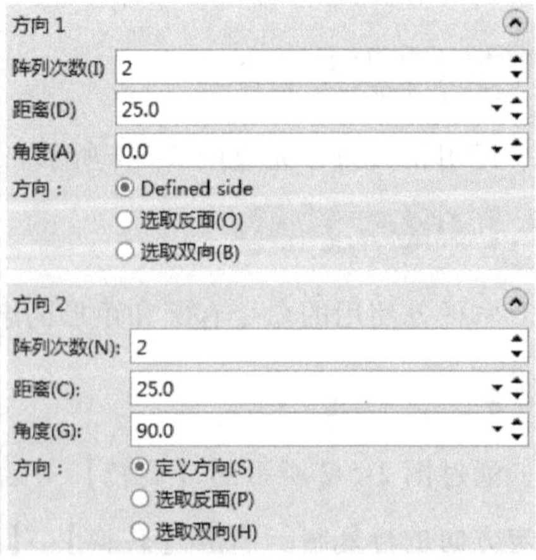

图 2-5-4 参数设置对话框

项目二　二维线框造型

图 2-5-5 【矩形】对话框

图 2-5-6 绘制矩形

图 2-5-7 绘圆参数设置

图 2-5-8 绘制整圆

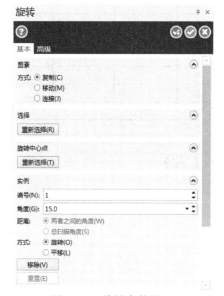

图 2-5-9 旋转参数设置

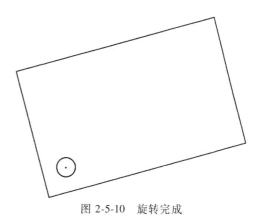

图 2-5-10 旋转完成

步骤四 单击【转换】菜单栏中的【直角阵列】按钮 ，参数设置如图2-5-11所示，单击【确定】按钮完成绘制，如图 2-5-12 所示。

图 2-5-11 阵列参数设置

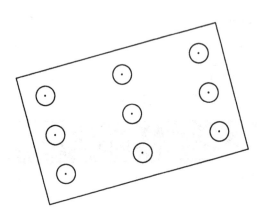

图 2-5-12 绘制完成

【任务评价】

序号	评价内容与要求	分值	自我评价（25%）	小组评价（25%）	教师评价（50%）
1	学习态度	20			
2	能运用图形编辑命令绘制矩形	5			
3	能运用图形编辑命令绘制整圆	10			
4	能熟练运用旋转、阵列命令	5			
5	能熟练运用层别设置功能	10			
6	任务实施方案的可行性，完成速度	20			
7	学习成果展示与问题作答	10			
8	安全、规范、文明操作	20			
	总分	100	合计：		

任务六　二维线框综合（六）

【任务描述】

运用相关命令绘制图 2-6-1 所示的二维线框。

【任务分析】

本任务主要使用倒圆角、倒角、镜射等命令。

【知识链接】

单击【线框】→【倒圆角】按钮，弹出【倒圆角】对话框，如图 2-6-2 所示，在其中进行参数设置。

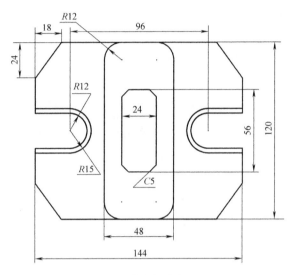

图 2-6-1 二维线框综合（六）

图 2-6-2 【倒圆角】对话框

【倒角】命令和【倒圆角】命令相似，它是在两个图素间倒角或者串连倒角。单击【线框】→【倒角】按钮，弹出图 2-6-3 所示的【倒角】对话框。

【镜像】命令用于对称图形的绘制，单击【转换】→【镜射】按钮，弹出【镜射】对话框，如图 2-6-4 所示。选择图素并设置镜射轴完成镜射。

图 2-6-3 【倒角】对话框

图 2-6-4 【镜射】对话框

【任务实施】

步骤一 单击【线框】→【矩形】按钮，勾选【矩形中心点】复选框，绘制宽度为144mm、高度为120mm的矩形，如图2-6-5所示。

步骤二 单击【矩形】→【圆角矩形】按钮，弹出图2-6-6所示的【矩形形状】对话框。以矩形中心点为基准，绘制宽度为48mm、高度为120mm、圆角半径为$R12$的圆角矩形。再以矩形中心点为基准，绘制宽度为24mm，高度为56mm的矩形，如图2-6-7所示。

图2-6-5 绘制矩形

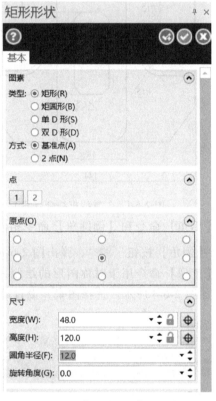

图2-6-6 【矩形形状】对话框

步骤三 单击【线框】→【倒角】按钮，在【倒角】对话框中设置倒角方式为【距离2(S)】，将【距离1(1)】改为"18"，【距离2(2)】改为"24"，如图2-6-8所示。然后依次单击矩形边顶部和右侧，倒角完成后如图2-6-9所示。

步骤四 将倒角方式选择为【距离1(D)】，距离尺寸设置为"5"，对内部矩形进行倒角后，绘制完成后如图2-6-10所示。

步骤五 单击【任意线】按钮，以矩形中心点为基准，绘制长度为48mm的水平线段，如图2-6-11所示。

步骤六 单击【已知点画圆】按钮，以线段端点为圆心，绘制两个直径分别为24mm和30mm的圆，如图2-6-12所示。

步骤七 单击绘图区顶端【抓取设定】状态栏中的【抓点设置】按钮，弹出【自动抓点设置】对话框，勾选【四等分点】复选框，如图 2-6-13 所示。在整圆四等分点上绘制线段，绘制完成后如图 2-6-14 所示。修剪掉多余的图素，修剪完成后如图 2-6-15 所示。

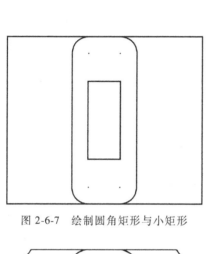

图 2-6-7　绘制圆角矩形与小矩形　　　　　图 2-6-8　倒角参数设置

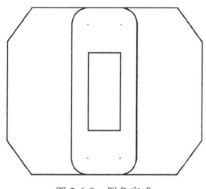

图 2-6-9　倒角完成

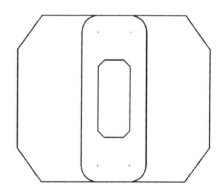

图 2-6-10　完成内部矩形倒角

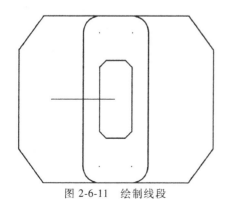

图 2-6-11　绘制线段

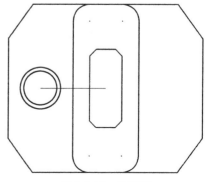

图 2-6-12　绘制圆

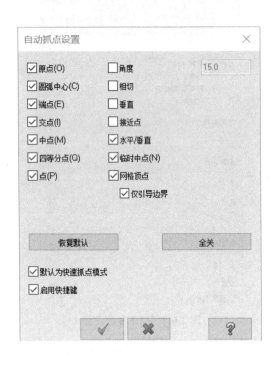

图 2-6-13 【自动抓点设置】对话框

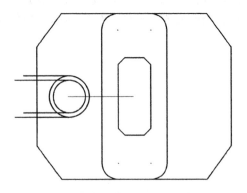

图 2-6-14 绘制线段

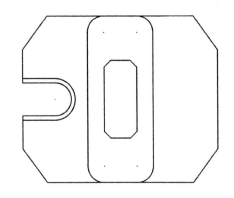

图 2-6-15 修剪多余的图素

步骤八 单击【转换】→【镜射】按钮,选择图 2-6-16 所示图素,将对称轴选择为【Y 偏移】,修剪多余图素并清除颜色,绘制完成后如图 2-6-17 所示。

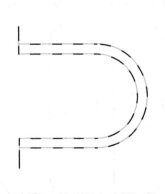

图 2-6-16 选择要镜射的图素

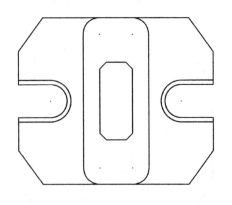

图 2-6-17 绘制完成

【任务评价】

序号	评价内容与要求	分值	自我评价（25%）	小组评价（25%）	教师评价（50%）
1	学习态度	20			
2	能运用图形编辑命令绘制所有直线、矩形和圆	5			
3	能熟练运用倒圆角和倒角命令	15			
4	能熟练运用镜射命令	10			
5	能熟练运用层别设置功能	10			
6	任务实施方案的可行性，完成速度	10			
7	学习成果展示与问题作答	10			
8	安全、规范、文明操作	20			
	总分	100	合计：		

任务七 二维线框综合（七）

【任务描述】

运用相关命令完成图 2-7-1 所示的二维线框。

【任务分析】

本任务需要使用圆、切线、平行线、旋转、镜像、倒角等命令。

【知识链接】

单击【线框】→【绘线】→【平行线】按钮，可在弹出的【平行线】对话框中进行参数设置。

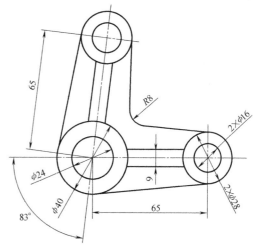

图 2-7-1 二维线框综合（七）

【实例操作】

步骤一 将层别设置为中心线层。

步骤二 单击【线框】→【任意线】→【光标】按钮设置原点，如图 2-7-2 所示。

图 2-7-2 设置原点

步骤三 将层别设置为主体层。修改图形类型为【水平】，方式为【中心】，长度输入

"200",如图2-7-3所示。

步骤四 单击【线框】菜单栏中的【已知点画圆】按钮,在绘图区顶部将圆心设置为原点,在【已知点画圆】对话框中设置圆的直径为"40",然后再绘制一个圆心相同、直径为24mm的圆。绘制完成后如图2-7-4所示。

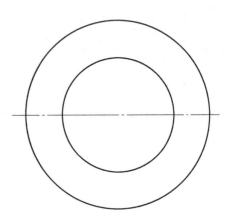

图2-7-3 【任意线】对话框　　　　　　　图2-7-4 绘制整圆

步骤五 单击【任意线】按钮,将第一点固定到原点,再将图形类型设置为【任意线】,方式设置为【两端点】,绘制长度为65mm、平行于 x 轴的直线。

步骤六 单击【绘线】→【平行线】按钮,如图2-7-5所示。单击要生成平行线的图素,左键单击绘图区空白处,将【平行线】对话框中的【补正距离】设置为4.5,方向选项设置为【选取双向】,如图2-7-6所示。绘制完成后如图2-7-7所示。

图2-7-5 【平行线】按钮的位置　　　　　图2-7-6 【平行线】对话框

步骤七　单击【线框】→【已知点画圆】按钮，圆心为步骤六中所绘制直线的另一个端点，分别绘制直径为16mm、28mm的圆，绘制完成后如图2-7-8所示。

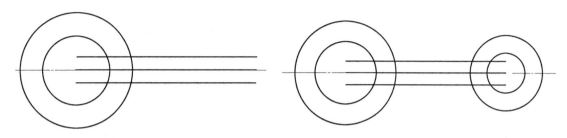

图2-7-7　绘制平行线　　　　　　　　　图2-7-8　绘制整圆

步骤八　单击【任意线】按钮，将【任意线】对话框中的图形类型选择为【任意线】，勾选【相切】复选框。单击选择要绘制切线的圆，如图2-7-9所示，再单击另一个圆，如图2-7-10所示，按同样方法绘制另一条切线，绘制完成后如图2-7-11所示。

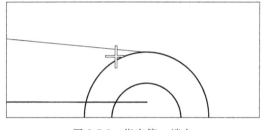 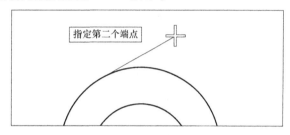

图2-7-9　指定第一端点　　　　　　　　图2-7-10　指定第二端点

步骤九　单击【线框】→【修剪】→【划分修剪】按钮，将多余图素清除，修剪完成后如图2-7-12所示。

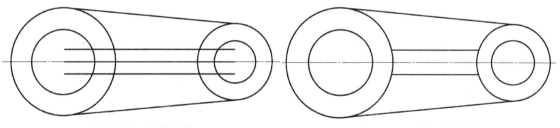

图2-7-11　绘制切线　　　　　　　　　图2-7-12　修剪多余图素

步骤十　单击【转换】→【旋转】按钮，选择需要旋转的图素，旋转数量设置为1，旋转角度设置为83°，如图2-7-13所示。旋转完成后如图2-7-14所示。

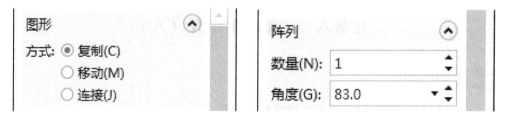

图2-7-13　旋转参数设置

步骤十一　清除图素颜色及修剪多余图素，设置圆角半径为8mm，如图2-7-15所示。

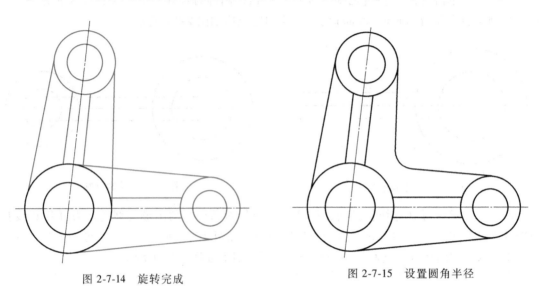

图2-7-14　旋转完成　　　　　　　　图2-7-15　设置圆角半径

步骤十二　将层别更换到中心线层，补全中心线；再将层别设置为标注层进行尺寸标注，绘制完成后如图2-7-11所示。

【任务评价】

序号	评价内容与要求	分值	自我评价（25%）	小组评价（25%）	教师评价（50%）
1	学习态度	20			
2	能运用图形编辑命令绘制所有直线和圆	5			
3	能熟练运用平行线命令	10			
4	能熟练运用旋转、切线、倒圆角命令	10			
5	能熟练运用层别设置功能	10			
6	任务实施方案的可行性,完成速度	15			
7	学习成果展示与问题作答	10			
8	安全、规范、文明操作	20			
	总分	100	合计：		

任务八　二维线框综合（八）

【任务描述】

运用相关命令完成图2-8-1所示二维线框的绘制。

项目二 二维线框造型

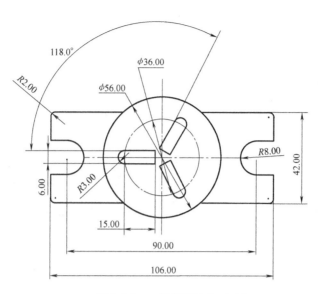

图 2-8-1 二维线框综合（八）

【任务分析】

本任务使用的命令有镜像、旋转等。

【实例操作】

步骤一　单击【线框】→【已知点画圆】按钮，系统弹出【已知点画圆】对话框，输入圆直径为56，确定圆心坐标为（0，0，0）。

步骤二　单击【线框】菜单栏中的【绘点】按钮，系统弹出【绘点】对话框，单击【输入坐标点】按钮，输入点坐标（45，0，0）。

步骤三　绘制圆心坐标为（0，0，0）、直径为16mm 的圆。

步骤四　单击【线框】→【矩形】按钮，勾选【矩形中心点】复选框，输入宽度为106，高度为42，设置矩形中心点为（0，0，0），如图 2-8-2 所示。

步骤五　单击【线框】→【倒圆角】按钮，输入圆弧半径为 R2，进行倒圆角操作，绘制完成后如图 2-8-3 所示。

步骤六　单击【线框】→【任意线】按钮，依次单击直径为16mm 的圆和矩形边线【任

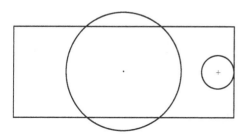

图 2-8-2　绘制圆、矩形

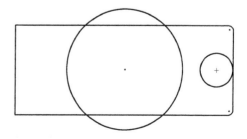

图 2-8-3　倒圆角操作

意线】对话框如图 2-8-4 所示，绘制完成后如图 2-8-5 所示。

图 2-8-4 【任意线】设置

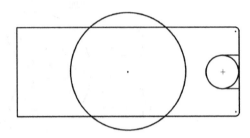

图 2-8-5 绘制相切线

步骤七　单击【线框】→【修剪打断延伸】按钮，单击需要保留的线条，再次单击需要删除的线条，结果如图 2-8-6 所示。

步骤八　单击【转换】→【镜射】按钮，弹出【镜射】对话框，选取需要镜射的图素，选取 Y 轴作为镜射轴，结果如图 2-8-7 所示。

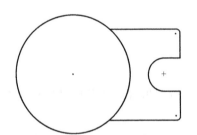

图 2-8-6 修剪多余图素

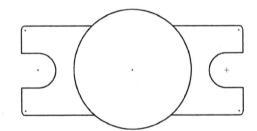

图 2-8-7 镜射图素

步骤九　绘制圆心坐标为（0，0，0），直径为 36mm 的辅助圆，绘制圆心坐标为（0，18，0）、直径为 8mm 的圆，如图 2-8-8 所示。

步骤十　单击【线框】→【矩形】按钮，设置第一端点坐标为（-4，5，0），第二端点坐标为（4，18，0），修剪多余图素，如图 2-8-9 所示。

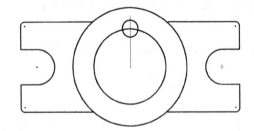

图 2-8-8 绘制圆

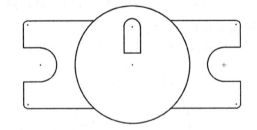

图 2-8-9 绘制并修剪图素

步骤十一　单击【转换】→【旋转】按钮，选取图素，系统弹出【旋转】对话框，勾选【移动】，输入角度为-28°，如图 2-8-10 所示。

步骤十二　单击【旋转】按钮，选择图素，旋转方式为【复制】，旋转角度为 118°，绘制完成后如图 2-8-11 所示。

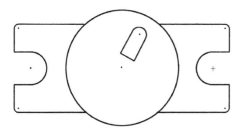

图 2-8-10　旋转图素

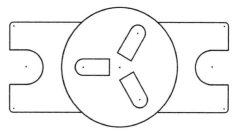

图 2-8-11　绘制完成

【任务评价】

序号	评价内容与要求	分值	自我评价（25%）	小组评价（25%）	教师评价（50%）
1	学习态度	20			
2	能运用图形编辑命令绘制所有直线	10			
3	能运用图形编辑命令绘制整圆	10			
4	熟练运用旋转和镜像命令	10			
5	能熟练运用层别设置功能	10			
6	任务实施方案的可行性，完成速度	10			
7	学习成果展示与问题作答	10			
8	安全、规范、文明操作	20			
	总分	100	合计：		

任务九　Mastercam2019 新功能——分割命令的扩展

图 2-9-1 所示为分割命令说明。在过去，如果遇到图 2-9-2 所示的几个相交图素，需要逐个单击中间的线条进行分割。在 Mastercam2019 中，只需要按住鼠标左键划线处理即可全部分割，如图 2-9-3 所示。

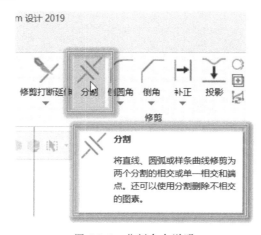

图 2-9-1　分割命令说明

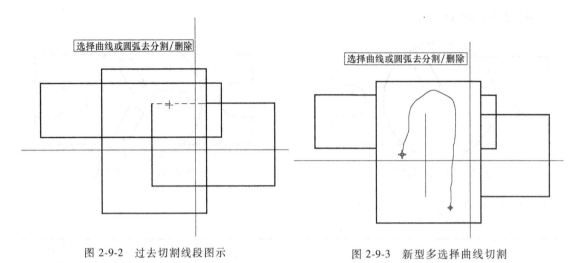

图 2-9-2 过去切割线段图示　　　　　图 2-9-3 新型多选择曲线切割

项目三　三维曲面绘制

任务一　扫描曲面

【任务描述】

用曲面【扫描】命令绘制图 3-1-1 所示的图形。

【任务分析】

该曲面的生成需要先绘制三维线框，曲面生成方法为【扫描曲面】。

【知识链接】

Mastercam2019 用于曲面生成的命令为【曲面】→【扫描】，如图 3-1-2 所示。【扫描曲面】对话框如图 3-1-3 所示。

图 3-1-1　扫描曲面

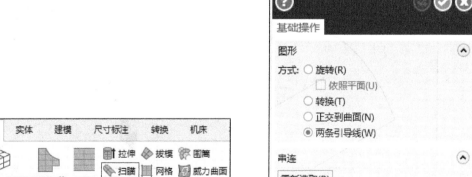

图 3-1-2　【扫描】按钮位置

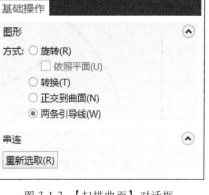

图 3-1-3　【扫描曲面】对话框

【实例操作】

尺寸如图 3-1-4 所示。

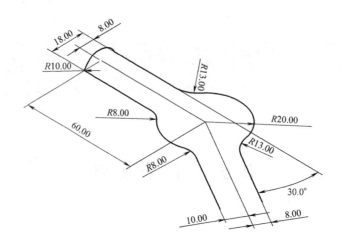

图 3-1-4 二维草图

步骤一 在俯视图绘图面上绘制图 3-1-5 所示的草图。

步骤二 将平面调整至左视图,绘制半径为 10mm 的圆弧,绘制完成后如图 3-1-6 所示。

步骤三 单击【曲面】→【扫描】按钮,在【串连】选项中选择【单体】,鼠标左键单击左视图中的圆弧段定义截断外形,如图 3-1-7 所示。

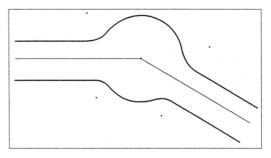

图 3-1-5 俯视图绘图面上的草图

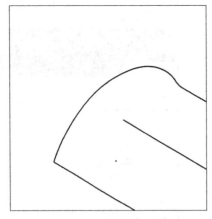

图 3-1-6 绘制 R10mm 圆弧

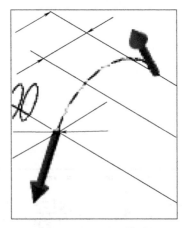

图 3-1-7 选择扫描线段

步骤四 将图形扫描方式设置为【两条引导线】方式,选择部分串连确定引导路径,单击引导路径起点,再单击引导路径终点,如图 3-1-8 所示。

步骤五　选择另一条扫描路径,如图 3-1-9 所示。

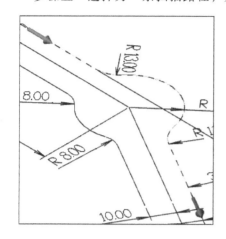

图 3-1-8　选择第一条引导线

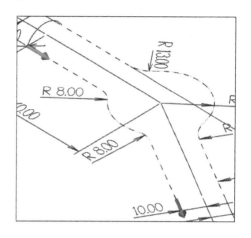

图 3-1-9　选择第二条引导线

【任务评价】

序号	评价内容与要求	分值	自我评价（25%）	小组评价（25%）	教师评价（50%）
1	学习态度	5			
2	绘制俯视图中的所有图线	5			
3	完成图 3-1-5 所示草图	10			
4	切换至左视图进行草图绘制	10			
5	能熟练运用平行、旋转命令	5			
6	能熟练运用曲面生成中的扫描曲面命令	15			
7	能按指定文件名,上交至规定位置	5			
8	任务实施方案的可行性,完成速度	10			
9	小组合作与分工	10			
10	学习成果展示与问题作答	15			
11	安全、规范、文明操作	10			
	总分	100	合计:		

任务二　网格曲面

【任务描述】

绘制图 3-2-1 所示的网格曲面。

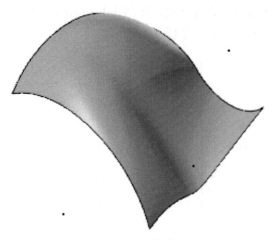

图 3-2-1 网格曲面

◆【任务分析】

该曲面的生成需要先绘制三维线框，曲面生成方法为【网格曲面】。

◆【知识链接】

网状曲面是由一系列横向和纵向曲线组成的网格状结构曲面，横向和纵向曲线在三维空间不相交，各曲线的端点也不相交。网状曲面可以是单片曲面，也可以由多片曲面组成。

单击【曲面】→【网格】按钮，弹出【串连】对话框，在系统的提示下选择图素，【网格】按钮位置如图 3-2-2 所示。

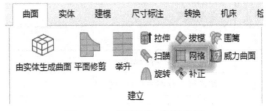

图 3-2-2 【网格】按钮位置

◆【任务实施】

步骤一　绘制图 3-2-3 所示的三维线框。设置绘图面为俯视图，单击【视图】→【平面】按钮，系统弹出【平面】对话框，根据图素调整视角，如图 3-2-4 所示。

步骤二　绘制长为 60mm、宽为 50mm，中心点为原点的矩形。

步骤三　将视角更改为等视图，绘图面更改为前视图。单击【线框】→【任意线】按钮，绘制三条长度为 20mm 的线段，绘制完成后如图 3-2-5 所示。

步骤四　将绘图面更改为左视图，单击【两点画弧】按钮输入圆半径为 30，绘制完成后如图 3-2-6 所示。

步骤五　绘制角度为 210°、长度为 100mm 的线段，如图 3-2-7 所示。

步骤六　单击【两点画弧】按钮，绘制半径为 20mm 的圆弧，如图 3-2-8 所示。

步骤七　单击【线框】→【倒圆角】按钮，输入圆角半径"10"，如图 3-2-9 所示。

步骤八　设置绘图面为前视图，单击【线框】→【任意线】按钮，绘制长度为 30mm 的线段，如图 3-2-10 所示。

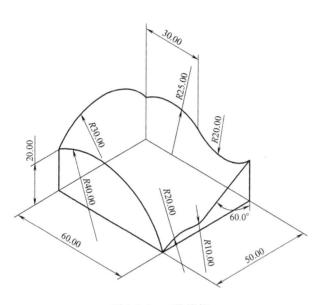

图 3-2-3 三维线框

图 3-2-4 【平面】对话框

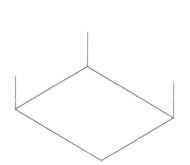

图 3-2-5 绘制线段

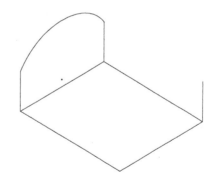

图 3-2-6 绘制圆弧

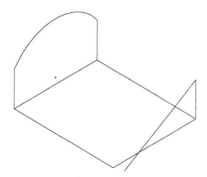

图 3-2-7 绘制线段

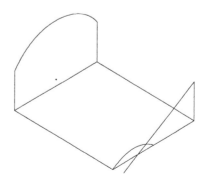

图 3-2-8 绘制圆弧

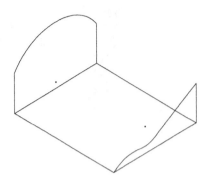
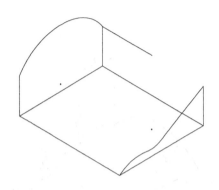

图 3-2-9 倒圆角　　　　　　　　　图 3-2-10 绘制线段

步骤九　绘制半径为 25mm、20mm 和 40mm 的圆弧，如图 3-2-11 所示。

步骤十　单击【线框】菜单栏中的【分割】按钮，修剪多余图素，如图 3-2-12 所示。

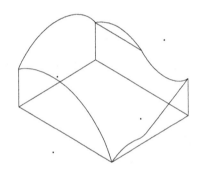
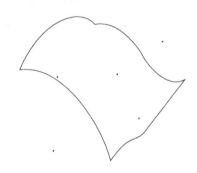

图 3-2-11 绘制圆弧　　　　　　　　图 3-2-12 修剪多余图素

步骤十一　单击【曲面】→【网格】按钮，在【串连】对话框中选择【单体】，按顺序选择图素，如图 3-2-13 所示。再次选择【半串连】，选择顺序如图 3-2-14 所示，完成绘制。

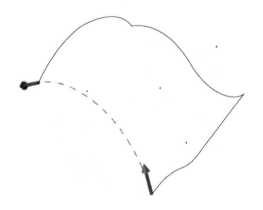

图 3-2-13 单体选择顺序

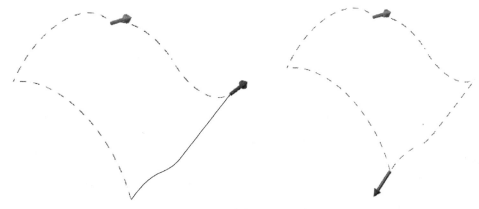

图 3-2-14 半串连选择顺序

【任务评价】

序号	评价内容与要求	分值	自我评价（25%）	小组评价（25%）	教师评价（50%）
1	学习态度	5			
2	绘制俯视图中所有图线	5			
3	完成图 3-2-3 所示草图	10			
4	切换至左视图进行草图绘制	10			
5	能熟练运用网格命令	15			
6	能按指定文件名，上交至规定位置	5			
7	任务实施方案的可行性、完成速度	10			
8	小组合作与分工	10			
9	学习成果展示与问题作答	15			
10	安全、规范、文明操作	15			
	总分	100	合计：		

任务三　直纹/举升曲面

【任务描述】

完成图 3-3-1 所示的直纹/举升曲面造型。

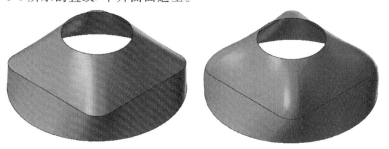

图 3-3-1　直纹/举升曲面

【任务分析】

该曲面的生成需要先绘制三维线框，曲面生成方法为【直纹/举升曲面】。

【知识链接】

【直纹/举升曲面】命令用于将两个或两个以上的截面外形以直接熔接的方式产生直纹曲面，或以参数熔接的方式产生平滑举升平面。

单击【曲面】→【直纹/举升曲面】按钮，弹出【串连】对话框，单击【串连】按钮，在绘图区依次选择串连图素，注意串连图素的起点、方向要一致。

【任务实施】

步骤一　绘制图 3-3-2 所示的三维线框，设置绘图面为俯视图。

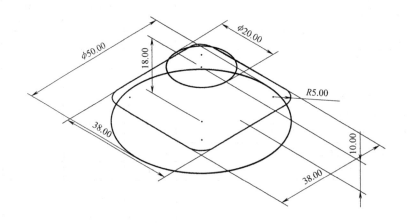

图 3-3-2　三维线框

步骤二　在深度 Z 为 0 的俯视图绘图面上绘制圆心为原点、直径为 50mm 的圆。

步骤三　单击【线框】→【矩形】→【圆角矩形】按钮，设置矩形中心点为（0，0，8），绘制长为 38mm、宽为 38mm、圆角半径为 5mm 的圆角矩形。

步骤四　绘制圆心为（0，0，18）、直径为 20mm 的圆。

步骤五　单击【线框】→【打断】→【两点打断】按钮，如图 3-3-3 所示。

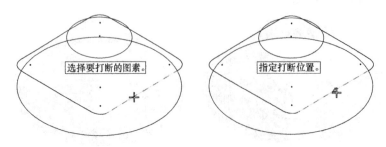

图 3-3-3　图素打断

项目三 三维曲面绘制

步骤六 单击【曲面】→【举升】按钮,再单击【串连】按钮,从下至上单击曲线完成曲面生成,选取顺序如图 3-3-4 所示。

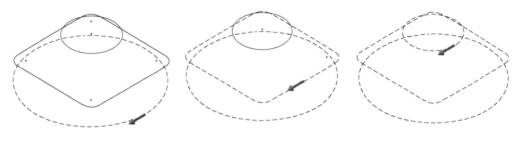

图 3-3-4 选取顺序

【任务评价】

序号	评价内容与要求	分值	自我评价 (25%)	小组评价 (25%)	教师评价 (50%)
1	学习态度	5			
2	绘制俯视图中的所有图线	10			
3	切换至其他视图进行草图绘制	15			
4	能熟练运用曲面生成中的举升命令	15			
5	能按指定文件名,上交至规定位置	5			
6	任务实施方案的可行性,完成速度	10			
7	小组合作与分工	10			
8	学习成果展示与问题作答	15			
9	安全、规范、文明操作	15			
	总分	100	合计:		

任务四 特殊网格曲面

【任务描述】

绘制图 3-4-1 所示的特殊网格曲面。

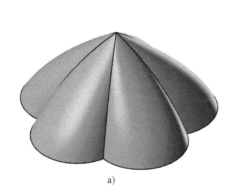
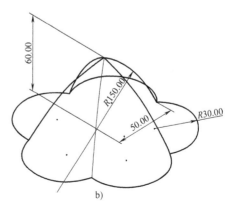

a)   b)

图 3-4-1 特殊网格曲面

【任务分析】

该曲面的生成需要先绘制三维线框,曲面生成方法为【网格曲面】。

【实例操作】

步骤一 将绘图面设置为俯视图,设置半径为 50,边数为 5,【半径】选项选中【外圆】,如图 3-4-2 所示。

步骤二 单击【线框】→【两点画弧】按钮,绘制半径为 30mm 的圆弧,用【旋转】命令得出其他几个相同圆弧,修剪多余图素,如图 3-4-3 所示。

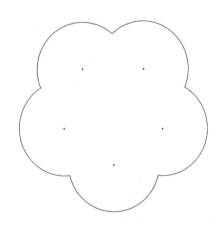

图 3-4-2 【多边形】对话框　　　　　图 3-4-3 线框绘制

步骤三 设置绘图面为前视图,单击【线框】→【任意线】按钮,绘制以原点为起点、长度为 60mm 的线段,如图 3-4-4 所示。

步骤四 绘图面设置为右视图,单击【线框】→【两点画弧】按钮,绘制半径为 150mm 的圆弧,如图 3-4-5 所示。

步骤五 绘图面设置为俯视图,对 R150mm 的圆弧进行旋转,旋转方式设置为【复

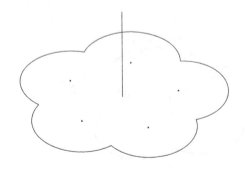

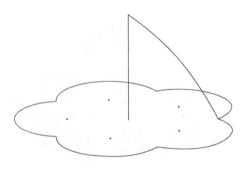

图 3-4-4 绘制线段　　　　　　　　图 3-4-5 绘制圆弧

制】,旋转中心点设置为原点,旋转数量为5,旋转角度为360°,生成的三维线框如图3-4-6所示。

步骤六 单击【曲面】→【网格】按钮,弹出【串连】对话框,如图3-4-7所示。选择【部分串连】,勾选【接续】复选框,按顺时针方向依次选择R30mm的圆弧,如图3-4-8所示。

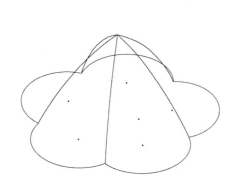

图3-4-6 旋转生成的三维线框

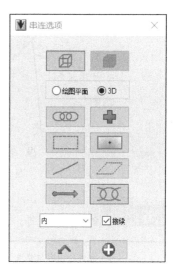

图3-4-7 【串连】对话框

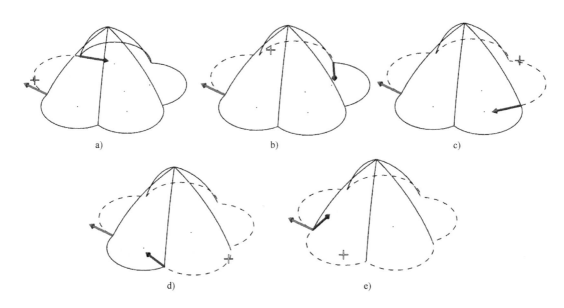

图3-4-8 选择圆弧顺序(一)

步骤七 单击【结束选择】按钮,取消勾选【接续】复选框,选择串连选项为【单体】,以红绿箭头连接点为起点,选择方向为顺时针方向,依次单击R150mm的5个圆弧完成曲面生成,如图3-4-9所示。

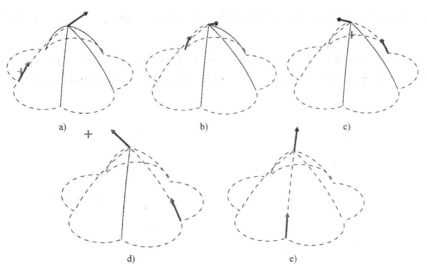

图 3-4-9　选择圆弧顺序（二）

【任务评价】

序号	评价内容与要求	分值	自我评价（25%）	小组评价（25%）	教师评价（50%）
1	学习态度	5			
2	绘制俯视图中的所有图线	5			
3	完成 3-4-1b 所示草图	10			
4	切换至其他视图进行草图绘制	10			
5	能熟练运用创建平面命令	10			
6	能熟练运用曲面生成中的网格命令	10			
7	按指定文件名，上交至规定位置	5			
8	任务实施方案的可行性，完成速度	10			
9	小组合作与分工	10			
10	学习成果展示与问题作答	15			
11	安全、规范、文明操作	10			
	总分	100	合计：		

任务五　Mastercam2019 新功能——编辑曲面命令扩展

【编辑曲面】按钮的位置如图 3-5-1 所示。【编辑曲面】命令通过选择曲面生成曲面节

图 3-5-1　【编辑曲面】按钮的位置

点，如图 3-5-2 所示，然后拖动曲面节点更改曲面，如图 3-5-3 所示。

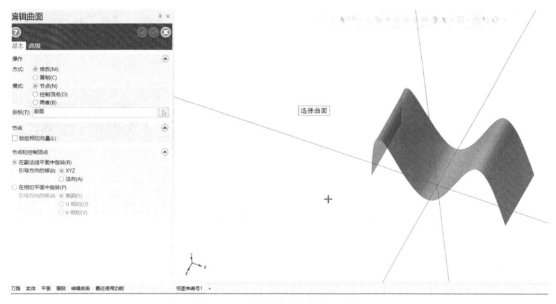

图 3-5-2　选择曲面生成曲面节点

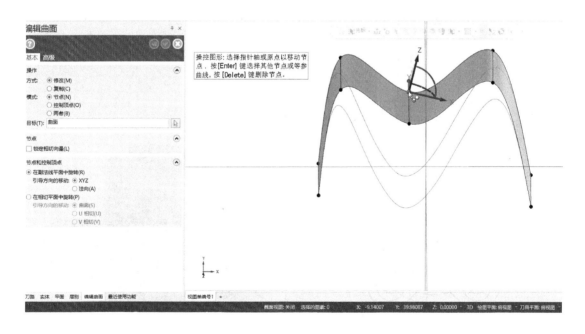

图 3-5-3　拖动曲面节点更改曲面

项目四　三维实体绘制

任务一　实体综合（一）

【任务描述】

运用相关命令完成图 4-1-1 所示实体的造型，掌握实体造型功能和操作技巧。

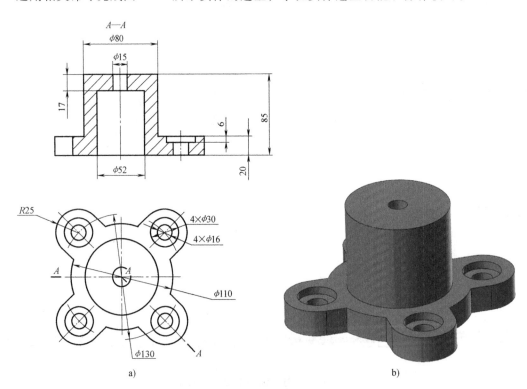

图 4-1-1　实体综合（一）

【任务分析】

本次任务主要用到实体拉伸、实体阵列等命令。

【知识链接】

拉伸实体又称挤出实体，用于将一个或多个封闭的截面轮廓沿指定的方向拉伸生成造型，可以在原有实体上增加凸台，也可在原有实体上切割主体。

【任务实施】

步骤一 单击【线框】→【已知点画圆】按钮，分别绘制直径为 80mm、110mm、130mm 的圆，如图 4-1-2 所示。

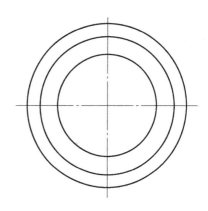

图 4-1-2 绘制圆

步骤二 以直径为 130mm 的圆和中心线的交点为圆心，分别绘制直径为 16mm、30mm、50mm 的圆，如图 4-1-3 所示，单击【分割】按钮修剪多余部分，如图 4-1-4 所示。

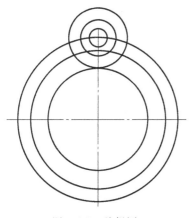
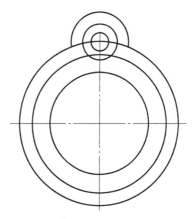

图 4-1-3 编辑圆　　　　　　　　图 4-1-4 修剪完成

步骤三 单击【线框】→【任意线】按钮，以半径为 25mm 和直径为 130mm 圆的交点为起点作竖直向下的线段，与直径为 110mm 圆相交，修剪掉多余部分。

步骤四 单击【转换】→【旋转】按钮，对图素进行旋转。

步骤五 单击【视图】→【平面】按钮，选择等视图，如图 4-1-5 所示，单击【实体】菜单栏中的【拉伸】按钮，系统弹出【串连】对话框，选择 ，单击选择要串连的图素,如图 4-1-6 所示,在【实体拉伸】对话框中设置参数,如图 4-1-7 所示。

图 4-1-5　切换为等视图

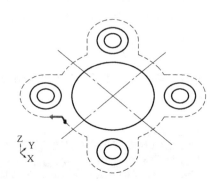

图 4-1-6　串连选择

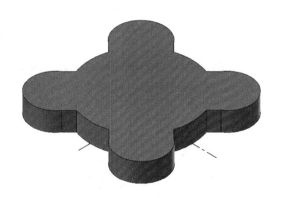

图 4-1-7　实体拉伸参数设置及拉伸效果

步骤六　单击【拉伸】→【切割主体】按钮,对直径为 30mm 与 16mm 的圆进行切割实体操作,如图 4-1-8 所示。

步骤七　以 φ80mm 圆的圆心为圆心,分别绘制直径为 15mm、52mm 的圆,如图 4-1-9 所示。

步骤八　选择实体拉伸命令,对直径为 80mm、52mm 的圆进行拉伸实体操作,设置距离分别为 85mm、68mm,如图 4-1-10 所示。

步骤九　单击【拉伸】→【切割主体】→【全部贯通】按钮,完成实体创建。

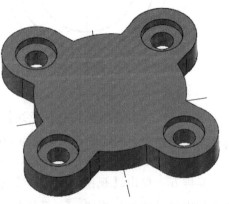

图 4-1-8　切割实体

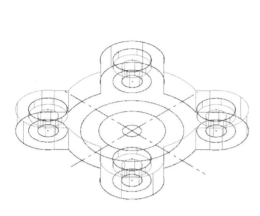

图 4-1-9 绘制圆   图 4-1-10 拉伸圆

【任务评价】

序号	评价内容与要求	分值	自我评价（25%）	小组评价（25%）	教师评价（50%）
1	按要求设置工作环境,如所有图层,并将图素放入相应图层及视角等	5			
2	完成图 4-1-1a 所示草图的绘制	5			
3	能使用拉伸命令生成实体	10			
4	能熟练运用平行、旋转命令	10			
5	能熟练运用切割主体命令	5			
6	按指定文件名,上交至规定位置	10			
7	任务实施方案的可行性,完成速度	15			
8	小组合作与分工	10			
9	学习成果展示与问题作答	15			
10	安全、规范、文明操作	15			
	总分	100	合计：		

任务二 实体综合（二）

【任务描述】

运用相关命令完成图 4-2-1 所示实体的造型,掌握实体造型功能和操作技巧。

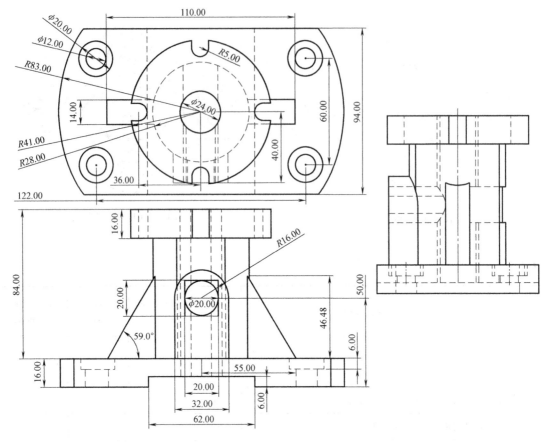

图 4-2-1 实体综合（二）

【任务分析】

本任务需要用到拉伸、孔等命令，菜单位置如图 4-2-2 所示。

图 4-2-2 拉伸、孔命令

【知识链接】

【孔】对话框如图 4-2-3 所示。孔的生成需要对以下几个参数进行设置：在【平面方向】区域，使用【指针】选择生成孔的方向；在【位置】区域，单击【增加】按钮，选择生成孔的位置；在【深度】区域，设置【距离】和【底角角度】，根据需要选择孔样式，如图

4-2-4所示。

图4-2-3 【孔】对话框

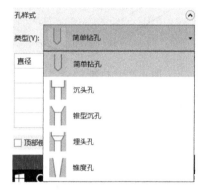

图4-2-4 孔样式

【任务实施】

步骤一 在俯视图绘图面上绘制二维线框，如图4-2-5所示。

步骤二 单击【实体】→【拉伸】按钮，单击单体选择$R83mm$圆弧，在【拉伸】对话框中修改距离为16mm，拉伸实体完成后如图4-2-6所示。

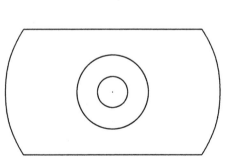

图4-2-5 二维线框

图4-2-6 拉伸实体

步骤三 在【属性】状态栏中将实体显示方式改为【显示隐藏线】。单击【拉伸】按钮，选择$\phi 56mm$的圆进行拉伸，将类型改成【增加凸台】，距离为100mm，如图4-2-7所示。

步骤四 在俯视图绘图面上，绘制宽122mm、宽60mm的矩形，以矩形的四个角绘制四个点，将四个点分别向Z轴正方向平移16mm，删除长方形，如图4-2-8所示。

步骤五 单击【实体】→【孔】按钮，选择图4-2-9所示的面，选择【增加】选项，单击选定步骤四中绘制的四个点，修改孔的规格和尺寸，具体设置如图4-2-10所示，生成孔

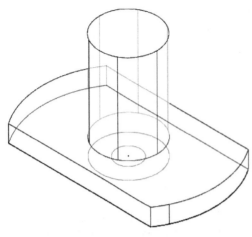

图 4-2-7　拉伸实体

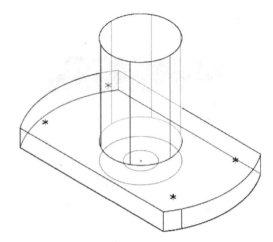

图 4-2-8　绘制点

的效果如图 4-2-11 所示。

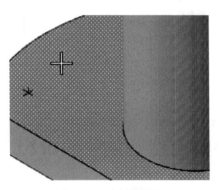

图 4-2-9　选择绘图面

图 4-2-10　孔参数设置

步骤六　将绘图面切换为前视图，绘制线框并生成实体，如图 4-2-12 和图 4-2-13 所示。

图 4-2-11　生成孔

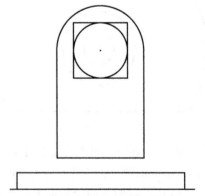

图 4-2-12　前视图线框

步骤七　绘制零件顶部区域，将绘图面切换为俯视图，绘制线框并生成实体，如图 4-2-14 和图 4-2-15 所示。

图 4-2-13 前视图实体

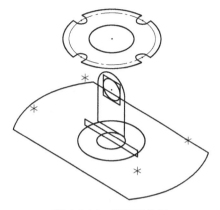

图 4-2-14 俯视图线框

步骤八 绘制零件两侧拉肋,如图 4-2-16 所示,并使用【镜射】命令生成另一侧,再使用【布尔运算】命令合成为一个实体。【布尔运算】对话框如图 4-2-17 所示,图 4-2-18 所示为生成的最终实体。

图 4-2-15 俯视图实体

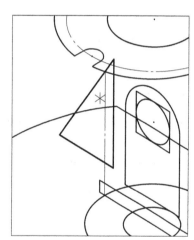

图 4-2-16 拉肋

图 4-2-17 【布尔运算】对话框

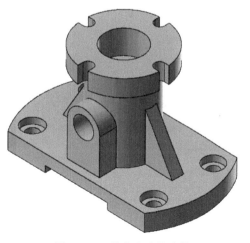

图 4-2-18 最终生成的实体

【任务评价】

序号	评价内容与要求	分值	自我评价（25%）	小组评价（25%）	教师评价（50%）
1	按要求设置工作环境,如所有图层,并将图素放入相应图层及视角等	5			
2	以图4-2-1为基准完成实体绘制	15			
3	能使用拉伸命令生成实体	5			
4	能熟练运用布尔运算命令	10			
5	能熟练运用孔命令	10			
6	按指定文件名,上交至规定位置	10			
7	任务实施方案的可行性,完成速度	10			
8	小组合作与分工	10			
9	学习成果展示与问题作答	15			
10	安全、规范、文明操作	10			
	总分	100	合计:		

任务三　Mastercam2019新功能——推拉命令和快捷创建实体孔

一、推拉命令

推拉命令是选择开放曲线或封闭曲线进行拉伸而生成实体,也可以选择实体进行拉伸来生成实体。图4-3-1所示为推拉命令说明。如图4-3-2所示,单击【推拉】按钮后可直接选择实体或曲面进行拉伸,单击【选择】按钮,对曲线进行选择。图4-3-3所示为曲面推拉实

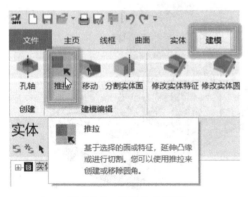

图4-3-1　推拉命令说明

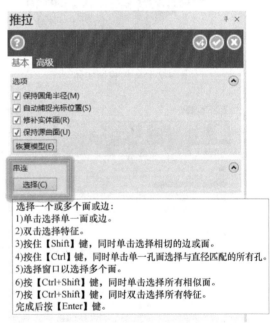

图4-3-2　推拉命令的设置

例，图 4-3-4 所示为实体推拉实例。

曲线拉伸实体只需要单击图 4-3-2 框选的串连选择，然后会弹出串连选择框，选择曲线即可利用单击箭头拉伸生成实体。

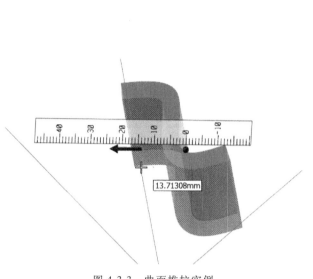

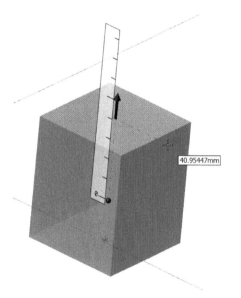

图 4-3-3 曲面推拉实例　　　　　　　　图 4-3-4 实体推拉实例

二、快捷创建实体孔

创建实体孔的传统方法是画圆拉伸并切割实体而生成孔，创建简单孔时可以采用这种方法，但对于复杂的锥形沉孔或埋头孔，画圆拉伸操作就显得过于麻烦。

在 Mastercam2019 中，有一种全新的创建实体孔的方法，不需要画圆拉伸便可直接在实体面上自动创建各种样式的孔，如图 4-3-5 所示。

具体操作如下：

1）在【实体】菜单栏中单击【孔】按钮，如图 4-3-6 所示。

2）进入【孔】对话框，打开【基本】选项卡。

3）填写孔的名称，【目标】设置为【实体】，Mastercam2019 提供了选择当前绘图平面、鼠标捕捉实体平面、通过平面管理器选择平面、创建新平面和选择向量五种方式定义孔所在的平面，如图 4-3-7 所示。

4）【模板】选项中提供了【公制】、【英制】等选择以满足设计需求，如图 4-3-8 所示。

5）深度设置如图 4-3-9 所示。

图 4-3-5 Mastercam2019 的【孔】对话框

图 4-3-6 【孔】按钮的位置

图 4-3-7 定义孔所在平面的方式

图 4-3-8 【模板】选项

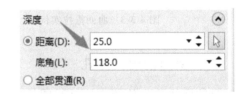

图 4-3-9 深度设置

6）可以对【孔样式】中的类型、直径、锥度、顶部倒角进行设置，如图 4-3-10 所示。

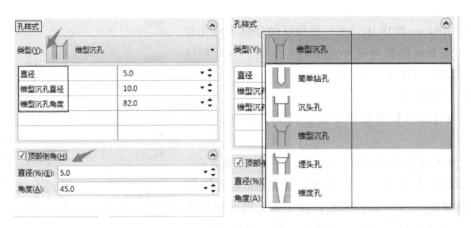

图 4-3-10 孔样式设置

项目五 车削加工

任务一 车削加工基础

【知识链接】

车削加工是实际生产中应用广泛的加工方法之一，Mastercam2019 提供了大量的车削加工方式。具体涉及的加工类型有粗车、精车、车端面、沟槽、切断、车螺纹、车削钻孔等。

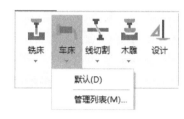

图 5-1-1 【车床】按钮

如图 5-1-1 所示，选择【机床】→【车床】→【默认】，进入系统默认操作环境。车削加工的工件坐标系一般建立在工件端面几何中心处，建立工件坐标系的方法有两种：一种方法是单击【转换】菜单栏中的【移动到原点】按钮，将工件上的指定点连同工件一起快速移动至世界坐标系原点；另一种方法是工件固定不动，在工件上的指定点处创建一个新的坐标系，如图 5-1-2 所示。

进入车削模块后单击【视图】→【平面】按钮，【平面】对话框中会自动生成两个新的坐标平面【车床 Z = 世界 Z】和【+D+Z】，如图 5-1-3 所示。进入第一个加

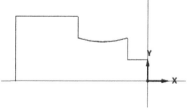

图 5-1-2 坐标点

图 5-1-3 【平面】菜单栏位置

工操作时，会生成一个新的【车床左下刀塔】。注意：建立工件坐标系编程前，还需要在【平面】对话框中将绘图面（C）和刀具平面（T）设置为与 WCS 平面重合。

【任务实施】

1. 粗车加工

粗车加工主要用于快速去除材料，为精加工留下较为均匀的加工余量。同时按【Alt+O】键，弹出刀路管理器，如图 5-1-4 所示；打开【属性】菜单栏，单击【毛坯设置】，弹出图 5-1-5 所示对话框；单击【毛坯设置】选项卡中【毛坯】区域的【参数】按钮，根据零件的尺寸设置参数，如图 5-1-6 所示；单击【卡爪设置】区域的【参数】按钮，设置卡爪位置和参数，如图 5-1-7 所示；单击【尾座设置】区域中的【参数】按钮，设置尾座参数，如图 5-1-8 所示。

图 5-1-4 刀具路径管理器

图 5-1-5 【机床群组属性】对话框

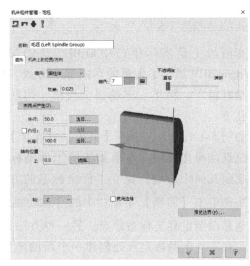

图 5-1-6 毛坯设置

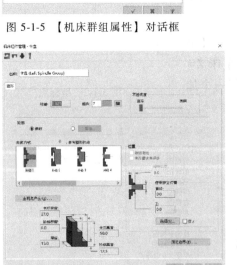

图 5-1-7 卡爪设置

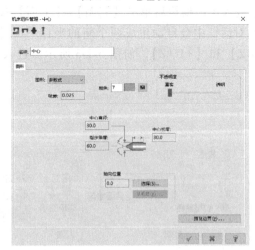

图 5-1-8 尾座设置

项目五 车削加工

单击【粗车】按钮 ，选择【半串连】，选择粗车外形，在弹出的对话框中设置刀具参数和粗车参数，如图 5-1-9 所示，并在【粗车参数】选项卡中设置 X、Z 预留量。

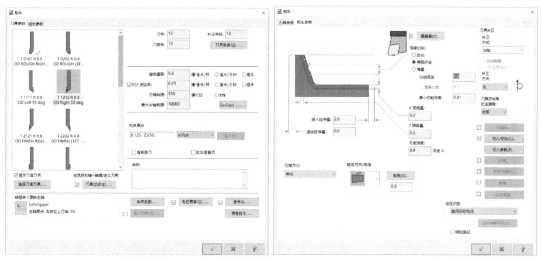

a) 刀具参数设置　　　　　　　　　　　　　　b) 粗车参数设置

图 5-1-9　粗车设置

2. 精车加工

精车加工是粗车加工的下一步操作，其目的是获得所需的加工精度和表面粗糙度。单击【精车】按钮，选取需要串连的图素，系统弹出【精车】对话框，如图 5-1-10 所示。设置各项参数，参考数值同粗车加工。在【精车参数】选项卡中，如果后续不加工，则预留量为"0.0"，如图 5-1-11 所示。

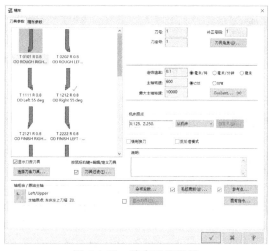

图 5-1-10　精车刀具设置

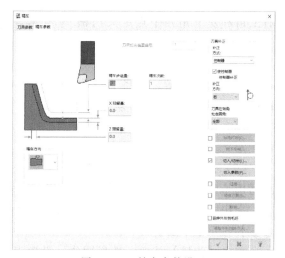

图 5-1-11　精车参数设置

3. 车端面加工

车端面加工是车削加工常见的加工类型，根据加工余量可设置一刀或多刀加工，多用于粗加工前毛坯的光端面。单击【车端面】按钮，弹出【车端面】对话框，其中有【刀具参数】和【车端面参数】选项卡，在【刀具参数】选项卡中对刀具、主轴转速和进给速率等项目进行设置；在【车端面参数】选项卡中，可以设置进刀延伸量与需要加工的端面参数等，如图5-1-12所示。

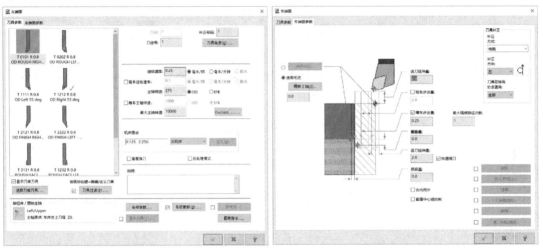

a) 刀具参数设置　　　　　　　　　　　　　b) 车端面参数设置

图 5-1-12　车端面设置

4. 沟槽加工

单击【沟槽】按钮，系统弹出【沟槽选项】对话框，其中提供了五种定义槽的方式，如图5-1-13所示。

（1）1点方式　选择一个点（外圆右上角）定义沟槽位置。

（2）2点方式　选择沟槽的右上角和左下角两个点定义沟槽位置。

图 5-1-13　【沟槽选项】对话框

（3）3直线方式　选择三条直线定义沟槽位置，三条直线中的第一条与第三条直线必须平行且等长。

（4）串连方式　选择一条串连曲线构造沟槽，此方式沟槽的位置与形状参数均由串连曲线定义。

（5）多个串连方式　连续选择多条串连曲线构造多个沟槽并一次性加工。多个串连方式适用于形状相同或相似、切槽参数相同的多个串连沟槽的加工。

采用以上方式时，沟槽宽度、深度、侧壁斜度、过渡圆角等形状参数均在【沟槽型状参数】选项卡中设置。

单击【沟槽】按钮，选择图素，设置刀具、进给速率和主轴转速等参数，如图5-1-14所示。

如图5-1-15所示，在对话框左上角勾选【粗车】复选框，设置各项参数，X、Y轴预留量根据需求更改。如图5-1-16所示，在对话框左上角选择【精车】复选框，按要求完成各项参数的设置。

项目五　车削加工

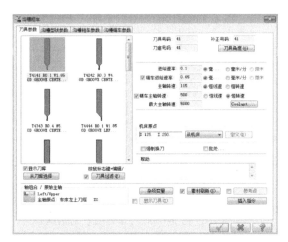

图 5-1-14 【沟槽粗车】对话框

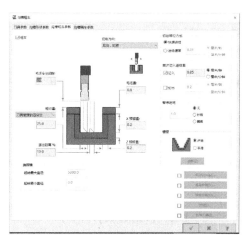

图 5-1-15 【沟槽粗车参数】选项卡

5. 切断加工

切断加工通常是车削的最后一步操作，用于径向切断零件。【刀具参数】选项卡如图 5-1-17 所示；【切断参数】选项卡如图 5-1-18 所示，在其中可设置进入延伸量、退出距离、切深位置等参数。

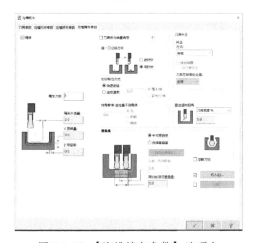

图 5-1-16 【沟槽精车参数】选项卡

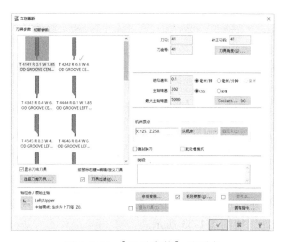

图 5-1-17 【刀具参数】选项卡

6. 车螺纹加工

车螺纹可加工外螺纹、内螺纹或端面螺纹槽等。单击【车螺纹】按钮，系统弹出【车螺纹】对话框，如图 5-1-19 所示。

【刀具参数】选项卡与前述基本相同，设置的项目有刀号、主轴转速、进给速率、参考点等参数。

【螺纹外形参数】选项卡如图 5-1-20 所示，螺纹外形参数有导程、牙型角度、大径、小径等。

【螺纹切削参数】选项卡如图 5-1-21 所示，主要设置的参数有切削深度方式、切削次数方式、毛坯安全间隙、切入加速间隙等。

69

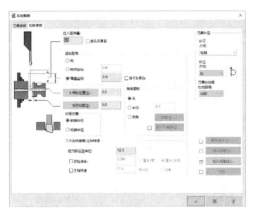

图 5-1-18 【切断参数】选项卡   图 5-1-19 【车螺纹】对话框

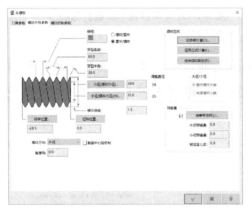
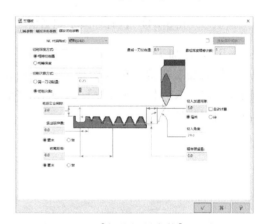

图 5-1-20 【螺纹外形参数】选项卡   图 5-1-21 【螺纹切削参数】选项卡

7. 车削钻孔加工

车削钻孔加工是在车床上进行的一种孔加工，可以完成钻孔、钻中心孔、攻螺纹等加工。单击【钻孔】按钮，弹出【车削钻孔】对话框，其中包含三个选项卡，如图 5-1-22 所示。在【深孔钻-无啄孔】选项卡中，可以对深度、钻孔位置、安全高度等参数进行设置，如图 5-1-23 所示。

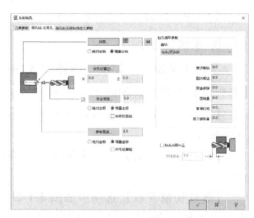

图 5-1-22 【车削钻孔】对话框   图 5-1-23 【深孔钻-无啄孔】选项卡

【任务评价】

序号	评价内容与要求	分值	自我评价（25%）	小组评价（25%）	教师评价（50%）
1	学习态度	20			
2	能够正确设定工件坐标系	10			
3	熟练掌握粗车加工命令	10			
4	熟练掌握精车加工命令	10			
5	任务实施方案的可行性,完成速度	20			
6	学习成果展示与问题作答	10			
7	安全、规范、文明操作	20			
	总分	100	合计：		

任务二　车削综合加工（一）

【任务描述】

使用 Mastercam2019 完成图 5-2-1 所示外形的加工。

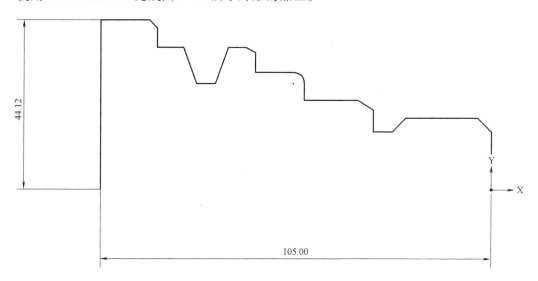

图 5-2-1　车削综合加工（一）

【任务分析】

本任务涉及的车削加工方式有粗车、精车、沟槽车、车螺纹等。

【知识链接】

Mastercam2019 中用于车床的命令在【机床】菜单栏下。单击选择机床类型为【车床】，选择【默认】车床。在【车床】菜单栏中选择标准工具栏（图 5-2-2），然后选择合适的方式进行加工,如图 5-2-3 所示。

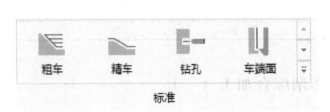

图 5-2-2 【车床】菜单栏   图 5-2-3 命令菜单栏

【实例操作】

步骤一 首先单击【线框】→【任意线】按钮,绘制图 5-2-1 所示图形。选择【机床】→【车床】→【默认】,按下【Alt+O】快捷键,系统弹出【刀路】对话框,在对话框内单击【属性】按钮进行毛坯设置,系统弹出【机床群组属性】对话框,如图 5-2-4 所示。对毛坯进行设置,如图 5-2-5 所示。

图 5-2-4 【机床群组属性】对话框   图 5-2-5 毛坯设置

步骤二 对毛坯和卡盘进行参数设置，如图 5-2-6a、b 所示。

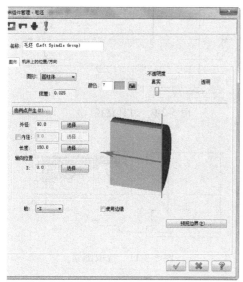

a) 毛坯参数设置

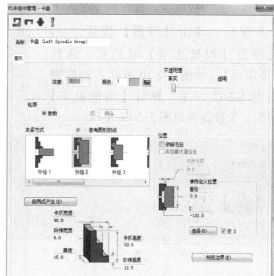

b) 卡盘参数设置

图 5-2-6 毛坯和卡盘参数设置

步骤三 单击【车床】→【车削】【粗车】按钮，弹出【串连选项】对话框，单击【部分串连】按钮，选择图素，如图 5-2-7 所示。确认选取后系统弹出【粗车】对话框，参数设置如图 5-2-8 所示，生成的刀具路径如图 5-2-9 所示。

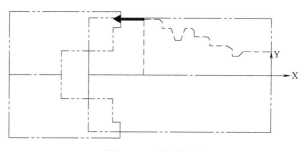

图 5-2-7 界面图形

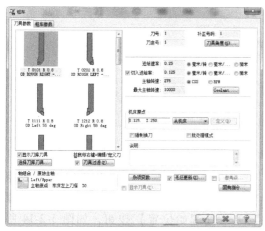

a) 刀具参数设置

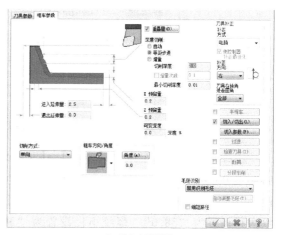

b) 粗车参数设置

图 5-2-8 粗车设置

步骤四 单击【精车】按钮，按照步骤三的参数设置，设置精车参数。

步骤五 单击【沟槽】按钮，系统弹出【沟槽选项】对话框，选择【多个串连】，如图 5-2-10 所示。选取图素如图 5-2-11 所示，弹出【沟槽粗车】对话框，参数设置如图 5-2-12 所示。

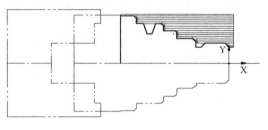

图 5-2-9 刀具路径

图 5-2-10 选择【多个串连】

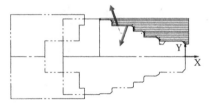

图 5-2-11 选取图素

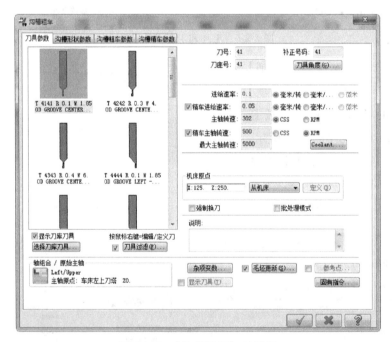

图 5-2-12 【沟槽粗车】对话框

步骤六 单击【车床】→【车削】→【车螺纹】按钮，在弹出的对话框中选择名为"T 9696 R 0.1440D THREAD RIGHT-LARGE"的刀具，将进给速率改为"1600.0"，主轴转速改为"2000"，如图 5-2-13 所示。在【螺纹外形参数】选项卡中设置导程改为"2.0"，螺纹大径设置为"38.0"，螺纹小径设置为"30.0"单击【起始位置】按钮，如图 5-2-14 所示。生成的刀具路径如图 5-2-15 所示。

步骤七 单击【全部操作】按钮，验证已选择操作，仿真验证如图 5-2-16 所示。

项目五 车削加工

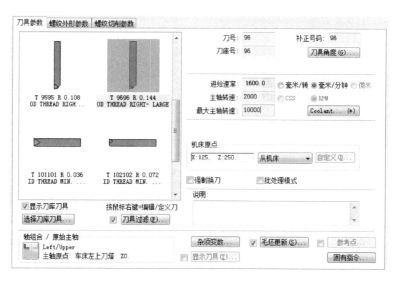

图 5-2-13 设置刀具参数

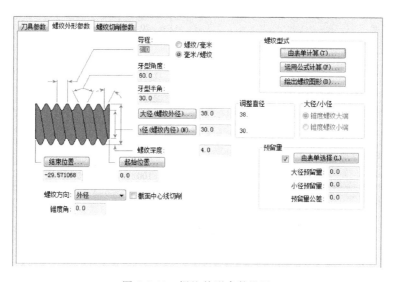

图 5-2-14 螺纹外形参数设置

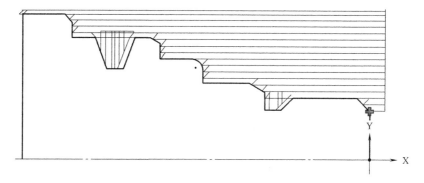

图 5-2-15 刀具路径

75

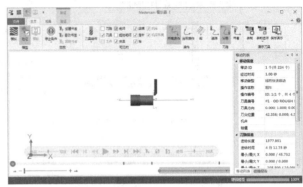

图 5-2-16 仿真验证

【任务评价】

序号	评价内容与要求	分值	自我评价（25%）	小组评价（25%）	教师评价（50%）
1	学习态度	20			
2	能运用图形编辑命令绘制所有直线	10			
3	熟练掌握粗车、精车加工命令	10			
4	熟练掌握沟槽、车螺纹加工命令	10			
5	任务实施方案的可行性、完成速度	20			
6	学习成果展示与问题作答	10			
7	安全、规范、文明操作	20			
	总分	100	合计：		

任务三 车削综合加工（二）

【任务描述】

车削加工并仿真验证图 5-3-1 所示的零件。

【任务分析】

本任务用到的命令有粗车、精车、沟槽等。

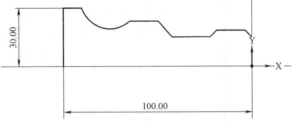

图 5-3-1 车削综合加工（二）

【实例操作】

步骤一 绘制图 5-3-1 所示线框，选择【机床】→【车床】→【默认】，按下【Alt+O】快捷键，弹出【刀路】对话框，在对话框内单击【属性】按钮对毛坯进行设置。

步骤二 毛坯参数和卡盘参数设置如图 5-3-2 所示。

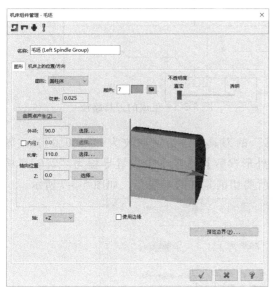
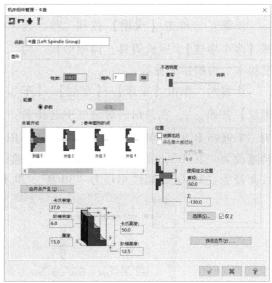

图 5-3-2 毛坯、卡盘参数设置

步骤三 单击【粗车】按钮，弹出【串连选项】对话框，单击【部分串连】按钮，选择图素，如图 5-3-3 所示。刀具参数、粗车参数设置如图 5-3-4 所示，生成的刀具路径如图 5-3-5 所示。

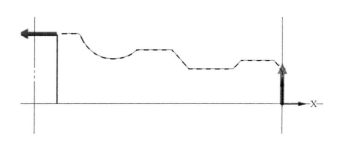

图 5-3-3 选择图素

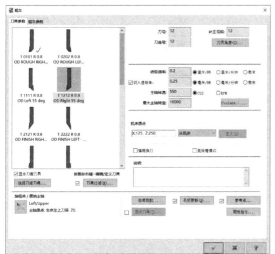
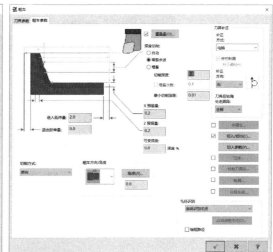

图 5-3-4 刀具、粗车参数设置

步骤四 单击【精车】按钮，按照步骤三进行参数设置，生成的刀具路径如图 5-3-5 所示。

步骤五 单击【沟槽】按钮，选择【多个串连】，完成刀具、沟槽形状、沟槽粗车、沟槽精车设置。

步骤六 单击【车床】→【车削】→【车螺纹】按钮，在弹出的对话框中选择名

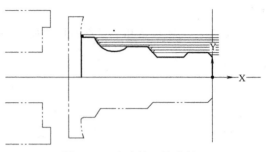

图 5-3-5 生成的刀具路径

为"T 9696 R 0.1440D THREAD RIGHT-LARGE"的刀具，进给速率改为"1600.0"，主轴转速改为"2000"，如图 5-3-6 所示。在【螺纹外形参数】选项卡中设置导程为"2.0"，螺纹大径为"38.0"，螺纹小径为"30.0"，单击所要切削零件的末端点，如图 5-3-7 所示。

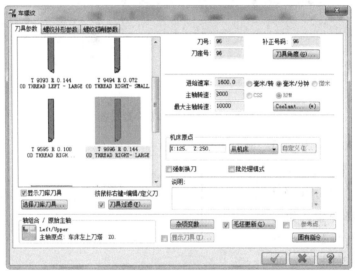

图 5-3-6 刀具参数设置

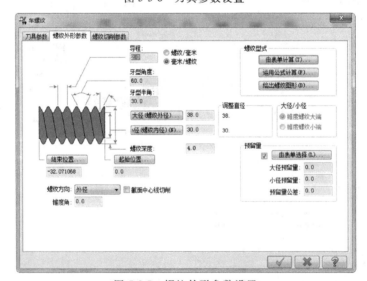

图 5-3-7 螺纹外形参数设置

项目五　车削加工

步骤七　在刀具路径管理器中选择【全部操作】按钮，对所有加工进行仿真验证，如图 5-3-8 所示。

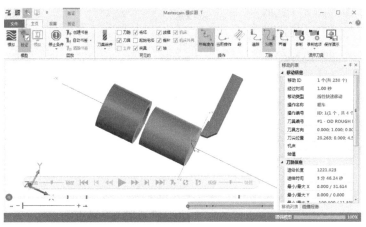

图 5-3-8　仿真验证

【任务评价】

序号	评价内容与要求	分值	自我评价（25%）	小组评价（25%）	教师评价（50%）
1	学习态度	20			
2	能熟练运用相关命令绘制所有直线	10			
3	熟练掌握粗车、精车加工命令	10			
4	熟练掌握车沟槽、螺纹加工命令	10			
5	任务实施方案的可行性，完成速度	20			
6	学习成果展示与问题作答	10			
7	安全、规范、文明操作	20			
	总分	100	合计：		

任务四　Mastercam2019 新功能——分段车削

在 Mastercam2018 中，粗车加工策略中就增加了【分段车削】选项，使用此选项可以将毛坯分成多段进行切削。可以按照数量、准确长度分段，或基于给定的长度等长分段，如图 5-4-1 所示。

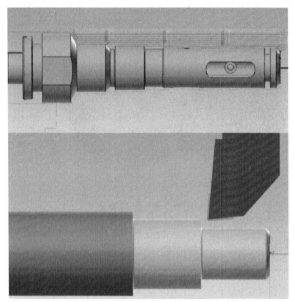

图 5-4-1　分段车削

分段车削特别适用于细长工件或难加工材料的粗车，可以增强刀路的可控性和稳定性，让工件尽可能保持刚性。另外分段车削开粗，它会根据设置每一小段逐层加工。这样，在每段加工完成后，才继续加工第二段，保证每段下刀都在工件外面，从而有效地保护了刀具。

在加工设置中，粗车参数既有断屑设置，也有分段车削设置，两者的区别为：从应用上来说，断屑设置可用于标准粗车、精车、半精车和车端面，而分段车削目前仅用于标准粗车；断屑是每一层逐段加工，分段车削则是每一段逐层加工完，再进行第二段的加工，如图 5-4-2 和图 5-4-3 所示。

通过对比可以发现，断屑加工中的第二段都是在毛坯上进刀及切入，对于难加工的硬材料，设置断屑不是最佳选择，对刀具下刀也不利，这时如果开启分段车削模式，刀具每段下刀都触碰不到毛坯。对于容易产生缠屑现象的铝、塑料等相对较软的材料来说，开启断屑模式效果会很显著。此外，对于半精车或精车材料，在加工中容易出现拉丝缠屑现象的加工，可以开启断屑模式。

项目五 车削加工

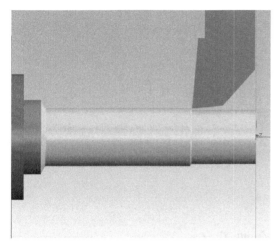

图 5-4-2 断屑应用

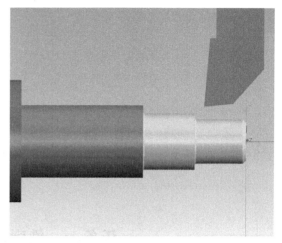

图 5-4-3 分段车削应用

项目六 铣削二维加工

任务一 铣削综合加工（一）

【任务描述】

仿真加工图 6-1-1 所示的零件。

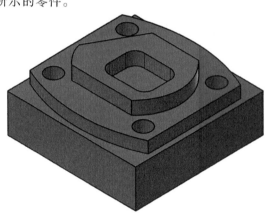

图 6-1-1 铣削综合加工（一）

二维线框尺寸如图 6-1-2 所示，通过加工设置掌握二维铣削加工方法。

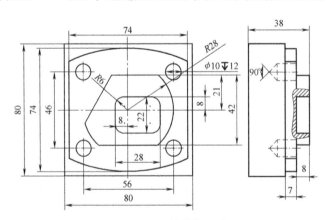

图 6-1-2 二维线框尺寸

项目六　铣削二维加工

【任务分析】

对于该图形的二维加工，需要进行二维图样绘制、加工参数设置、数控加工模拟仿真三个步骤。

【知识链接】

Mastercam2019 用于铣削二维加工的命令在【机床】菜单栏下。二维线框绘制完成后，单击【机床】→【机床类型】→【铣床】→【刀路】选择加工类型，如图 6-1-3 和图 6-1-4 所示。

图 6-1-3　机床设置

图 6-1-4　选择加工类型

（1）外形铣削　外形铣削是对外形轮廓进行加工，既可以铣削凸缘类工件，也可以铣削凹槽类工件。通过刀具补偿方向来控制刀具是加工凸缘类工件还是凹槽类工件。

图 6-1-5 所示为【2D 刀路-外形铣削】对话框。

（2）平面铣削加工　平面铣削是对工件俯视图表面进行加工，本任务主要应用于工件上表面的铣削。图 6-1-6 所示为【2D 刀路-平面铣削】对话框。

（3）钻孔加工　钻孔加工集成了钻、铰、镗、攻螺纹等常见的固定循环指令，全圆铣削和螺旋铣孔用于加工浅孔与深度稍大的孔。图 6-1-7 所示为【刀路孔定义】对话框。

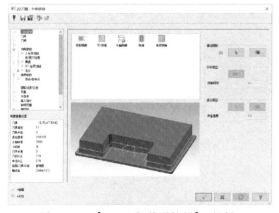

图 6-1-5　【2D 刀路-外形铣削】对话框

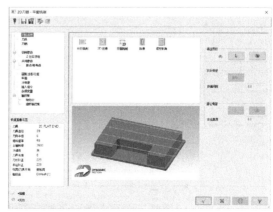

图 6-1-6　【2D 刀路-平面铣削】对话框

【实例操作】

步骤一 在俯视图绘图面上根据尺寸绘制图6-1-2所示的二维线框,如图6-1-8所示。

步骤二 选择【机床】→【机床类型】→【铣床】→【默认】(图6-1-9),进入刀路创建界面,如图6-1-10所示。

步骤三 按下【Alt+O】快捷键,弹出【刀路】操作管理器,选择【机床群组】→【属性】→【毛坯设置】,如图6-1-11所示。设置毛坯尺寸为85mm×85mm×40mm,如图6-1-12所示。

步骤四 选择【毛坯】→【毛坯模型】,弹出【毛坯模型】对话框,在其中定义毛坯属性,设置毛坯名称、毛坯颜色、毛坯材料、毛坯尺寸等参数。【毛坯模型】按钮如图6-1-13所示,【毛坯模型】对话框如图6-1-14所示,毛坯设置完成后如图6-1-15所示。

图 6-1-7 【刀路孔定义】对话框

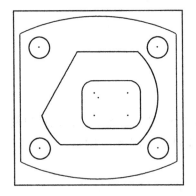

图 6-1-8 二维线框

图 6-1-9 机床设置

图 6-1-10 刀路创建界面

项目六　铣削二维加工

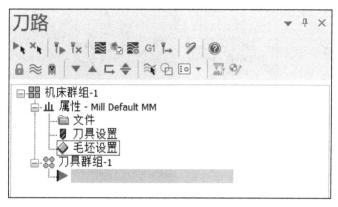

图 6-1-11　【刀路】操作管理器

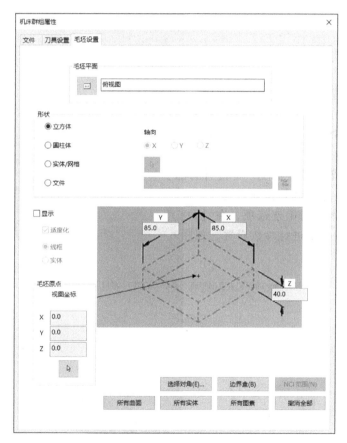

图 6-1-12　毛坯设置

图 6-1-13　【毛坯模型】按钮

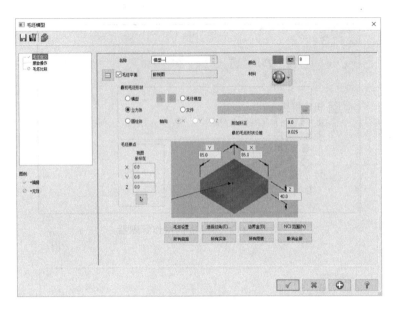

图 6-1-14 【毛坯模型】对话框

本次二维加工需要用到三把刀,分别是直径为 8mm 平铣刀,直径为 10mm 的 90°钻头,直径为 20mm、刃长 45mm 的平铣刀,刀具加工部位如图 6-1-16 所示。

步骤五 进行平面铣削加工。单击【刀路】菜单栏下的【2D】→【面铣】按钮,选中 80mm×80mm 的正方形图素作为串连选项,在【2D 刀路-平面铣削】对话框中进行参数设置,如图 6-1-17 所示。

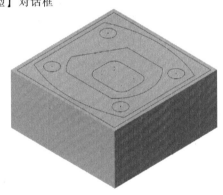

图 6-1-15 毛坯设置完成

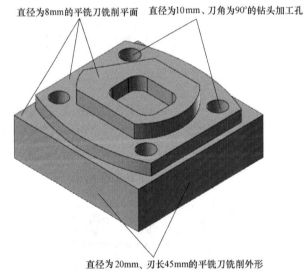

图 6-1-16 刀具加工部位

项目六 铣削二维加工

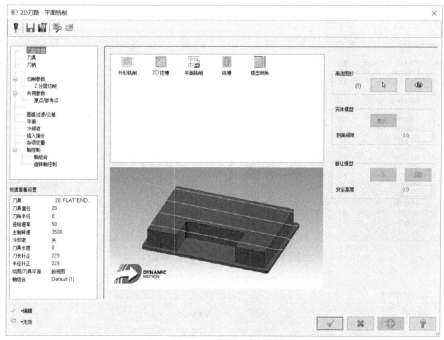

图 6-1-17 平面铣削参数设置

步骤六 单击【参数】→【选择刀库刀具】→【刀具过滤】按钮,在弹出的【刀具过滤列表设置】界面中进行【全关】操作,选择直径为 20mm,切削刃长度为 45mm 的平铣刀。【选择刀库刀具】按钮的位置如图 6-1-18 所示,【选择刀具】界面如图 6-1-19 所示,【刀具过滤列表设置】对话框如图 6-1-20 所示。

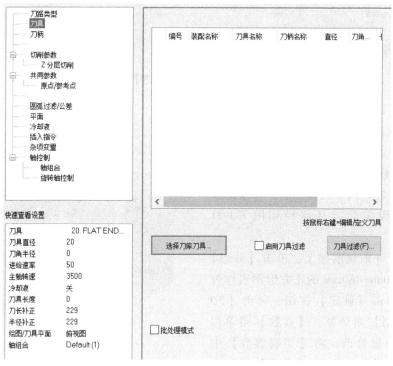

图 6-1-18 刀具设置

87

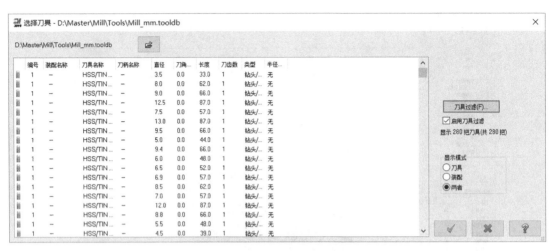

图 6-1-19 【选择刀具】界面

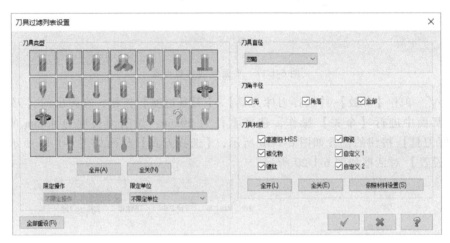

图 6-1-20 【刀具过滤列表设置】对话框

步骤七 设置刀柄为【默认】,切削类型修改为【双向】,底面预留量修改为 0.5,Z 分层切削设置最大切削步进量为 1,精修次数为 1,精修量为 0.5。

步骤八 在共同参数设置中,修改深度为 -2,完成设置后刀具路径如图 6-1-21 所示。

步骤九 外形铣削加工。单击【外形】按钮,选择 80mm×80mm 的正方形图素作为串连选项,单击【确定】按钮,弹出【2D 刀路-外形铣削】对话框,【参数】菜单栏中刀具选项不做修改,将【切削参数】中的壁边预留量设置为 0.5,Z 分层切削最大

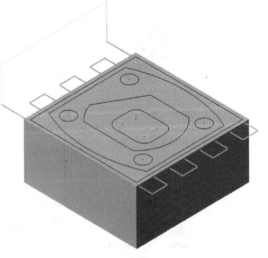

图 6-1-21 平面铣削刀具路径

粗切步进量设置为10，XY分层切削粗切次数设置为2，切削量设置为2，精修次数设置为1，精修间距设置为0.5；【共同参数】中的深度设置为-27。刀具路径如图6-1-22所示。

步骤十 按照图6-1-16所示参数进行设置，完成后刀具路径如图6-1-23所示。

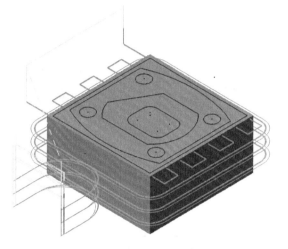

图6-1-22 外形铣削刀具路径（一）

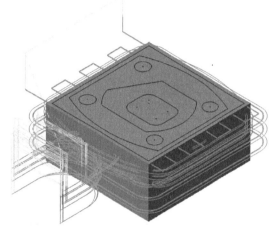

图6-1-23 外形铣削刀具路径（二）

步骤十一 挖槽铣削加工。单击【挖槽】按钮，弹出【2D刀路-外形铣削】对话框，将刀具替换为φ8mm的平铣刀。【切削参数】中的壁边预留量设置为1，底面预留量设置为1，粗切参数中的切削间距调整为4，精修次数设置为1，预留量设置为1，工件表面设置为-2；【共同参数】中的深度设置为-8。生成的刀具路径如图6-1-24所示。

步骤十二 钻孔加工。单击【钻孔】按钮，弹出【刀路】操作管理器，选择四个孔的中心点后单击【确认】按钮，弹出【2D刀路-钻孔】对话框，设置为φ10mm的钻头。【共同参数】中工件表面设置为-2，深度设置为12；【刀尖补正】中刀尖角度设置为90°。刀路管理器中的刀具群组如图6-1-25所示。

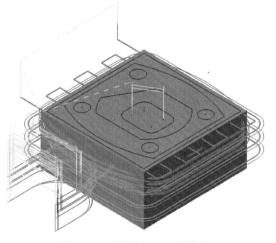

图6-1-24 挖槽加工刀具路径

图6-1-25 【刀路】操作管理器

步骤十三 在【刀具群组】中全选刀具路径,单击【刀路】操作管理器中的【验证已选择的操作】按钮,如图 6-1-26 所示。仿真验证如图 6-1-27 所示。

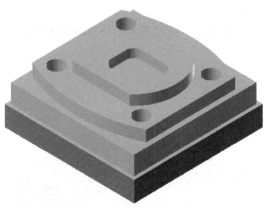

图 6-1-26 【验证已选择的操作】按钮　　　　图 6-1-27 仿真验证

【任务评价】

序号	评价内容与要求	分值	自我评价（25%）	小组评价（25%）	教师评价（50%）
1	学习态度	5			
2	正确绘制二维轮廓	10			
3	合理选择铣床	5			
4	合理设置毛坯	5			
5	合理选用加工命令	10			
6	正确选取需要铣削的轮廓	5			
7	合理选定刀具及切削参数	15			
8	合理选定共同参数	5			
9	验证刀具路径的正确性	5			
10	按指定文件名,保存至规定位置	5			
11	任务实施方案的可行性,完成速度	10			
12	学习成果展示与问题作答	10			
13	安全、规范、文明操作	10			
总分		100	合计:		

任务二　铣削综合加工（二）

【任务描述】

完成图 6-2-1 所示零件的铣削加工,掌握二维铣削方法。

项目六　铣削二维加工

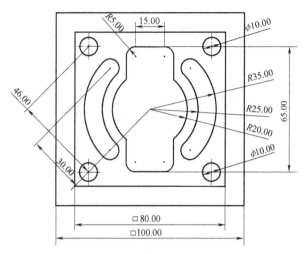

图 6-2-1　铣削综合加工（二）

【任务分析】

本次任务需用外形铣削、平面铣削、挖槽加工和钻孔命令来完成。

【任务实施】

步骤一　单击【文件】→【机床】→【铣床】按钮，选择【默认】，如图 6-2-2 所示。

图 6-2-2　选择机床

步骤二　按【Alt+O】快捷键，在图 6-2-3 所示【刀路】对话框中选择【毛坯设置】，系统弹出【毛坯模型】对话框，在【名称】文本框中输入新的名称，如图 6-2-4 所示。

步骤三　在【刀路】→【毛坯设置】中，将毛坯的长度、宽度、高度分别设置为 110mm、110mm、80mm，如图 6-2-5 所示。

图 6-2-3　【刀路】对话框

步骤四　单击【外形铣削】按钮，弹出【串连选项】对话框，选择串连轮廓，如图 6-2-6 所示，弹出【2D 刀路-外形铣削】对话框，如图 6-2-7 所示。

步骤五　在【刀具】界面空白处单击鼠标右键，如图 6-2-8a 所示；在弹出的快捷菜单中单击【选择刀库刀具】按钮，在弹出的对话框中选择【刀具过滤】，系统将再次弹出【刀具过滤列表设置】对话框，单击【平铣刀】按钮，选择直径为 6mm 的平铣刀，刀具设置完毕，如图 6-2-8b、c 所示。

91

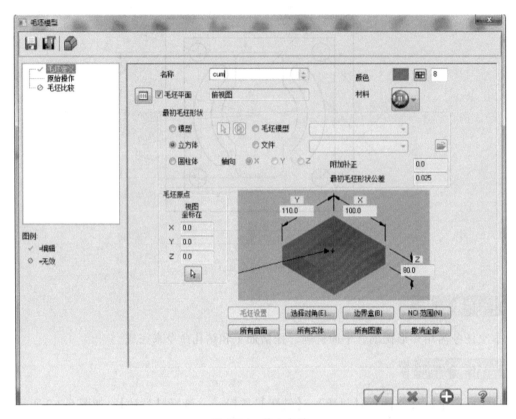

图 6-2-4 输入名称

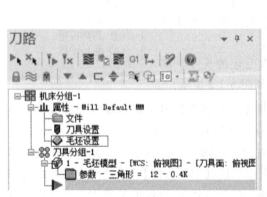

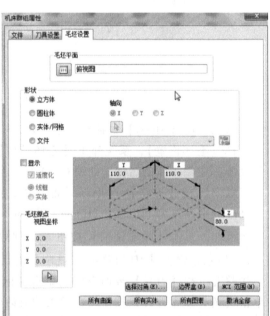

图 6-2-5 毛坯设置

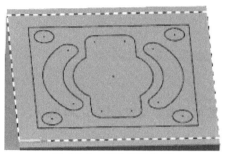

图 6-2-6 选择串连轮廓

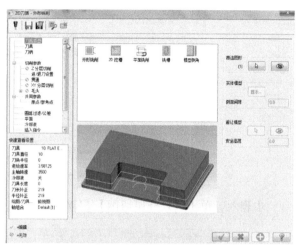

图 6-2-7 【2D 刀路-外形铣削】对话框

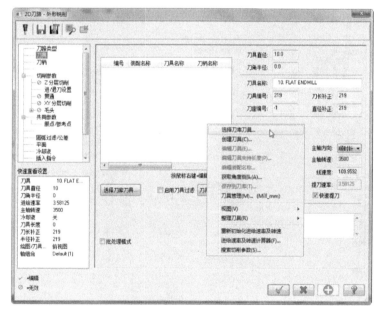

a)【2D刀路-外形铣削】对话框

b) 刀具过滤

图 6-2-8 选择刀具

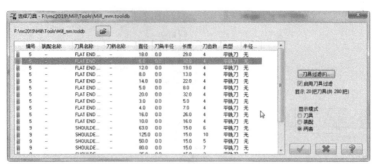

c)【选择刀具】对话框

图 6-2-8　选择刀具（续）

步骤六　单击【Z 分层切削】【XY 分层切削】更改数值，参数设置如图 6-2-9 所示。

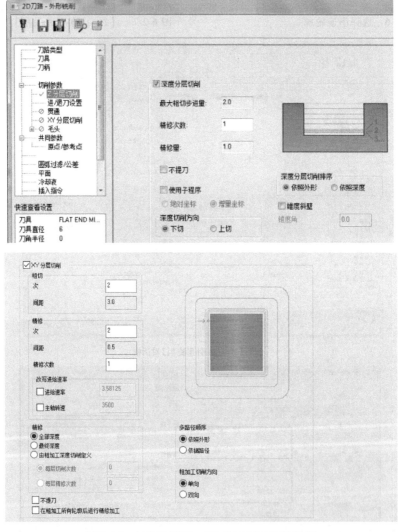

图 6-2-9　Z 分层切削、XY 分层切削参数设置

步骤七　设置【共同参数】，如图 6-2-10 所示。

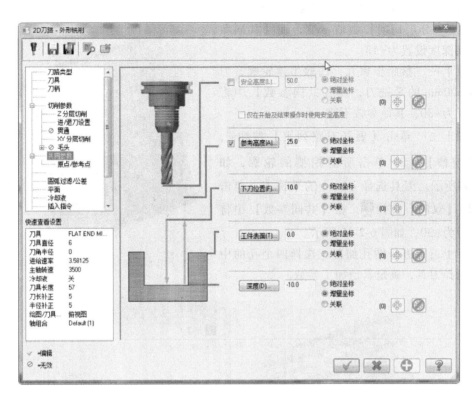

图 6-2-10 【共同参数】设置

步骤八 单击【展开刀路列表】按钮，选择【面铣】→【串连】按钮，选取串连轮廓，选择直径为 20mm 的刀具，【Z 分层切削】设置深度为 -10，如图 6-2-11 所示。生成的刀具路径如图 6-2-12 所示。

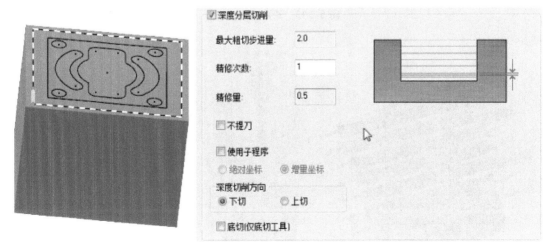

图 6-2-11 串连轮廓选择、分层参数设置

步骤九 单击【外形铣削】按钮，选择要串连的轮廓，如图 6-2-13 所示。

步骤十 刀具改为 φ6mm 的平铣刀，【Z 分层切削】【XY 分层切削】数值不变，在【共同参数】中将深度设置为 -18。

步骤十一 参照步骤九，选取串连轮廓，刀具改为 φ20mm 的平铣刀，在【共同参数】中将深度设置为 -30，其他参数不变。

步骤十二 单击【展开刀路列表】按钮，选择【挖槽】，单击所需挖槽的轮廓，如图 6-2-14 所示。刀具选择 φ6mm 的平铣刀，单击【粗切】→【双向】按钮，在【共同参数】中将深度设置为 -30，如图 6-2-15 所示。

步骤十三 进行钻孔加工。选择四个孔的中心点，选择刀具，确定其他加工参数。

图 6-2-12 平面铣削刀具路径

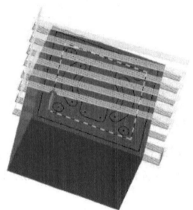

图 6-2-13 选取串连轮廓

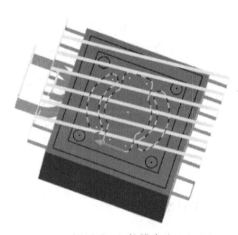

图 6-2-14 挖槽串连

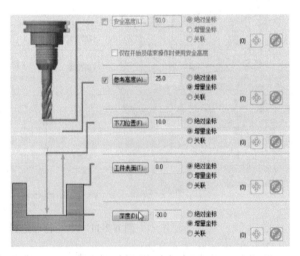

图 6-2-15 【共同参数】设置

步骤十四　选择全部操作，验证已选择的操作，图 6-2-16 所示为仿真验证结果。

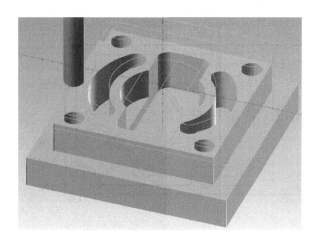

图 6-2-16　仿真验证结果

【任务评价】

序号	评价内容与要求	分值	自我评价（25%）	小组评价（25%）	教师评价（50%）
1	学习态度	5			
2	正确绘制二维轮廓	10			
3	合理选择铣床	5			
4	合理设置毛坯	5			
5	合理选用加工命令	10			
6	正确选取需要铣削的轮廓	5			
7	合理选定刀具及切削参数	15			
8	合理选定共同参数	5			
9	验证刀具路径的正确性	5			
10	按指定文件名，保存至规定位置	5			
11	任务实施方案的可行性，完成速度	10			
12	学习成果展示与问题作答	10			
13	安全、规范、文明操作	10			
	总分	100	合计：		

任务三　铣削综合加工（三）

【任务描述】

完成图 6-3-1 所示零件的铣削加工，掌握二维外形的铣削加工方法。

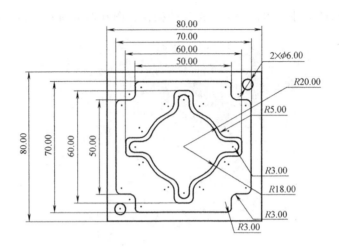

图 6-3-1 铣削综合加工（三）

【任务分析】

本次任务需要使用外形铣削、平面铣削和钻孔命令来完成。

【任务实施】

步骤一 单击【机床】→【铣床】→【默认】按钮。

步骤二 单击【刀路】→【毛坯模型】按钮，在【毛坯模型】对话框中设置毛坯大小及名称。

步骤三 在【毛坯设置】选项卡中，将毛坯的长度、宽度、高度分别设置为 85mm、85mm、30mm，如图 6-3-2 所示。

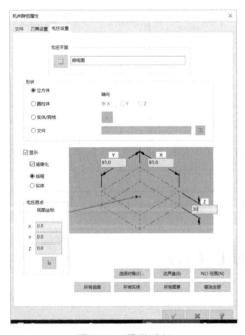

图 6-3-2 设置毛坯

图 6-3-3 选择串连图素

项目六　铣削二维加工

步骤四　单击【外形铣削】按钮，选择串连图素，如图 6-3-3 所示。

步骤五　选择直径为 5mm 的平铣刀，如图 6-3-4 所示。

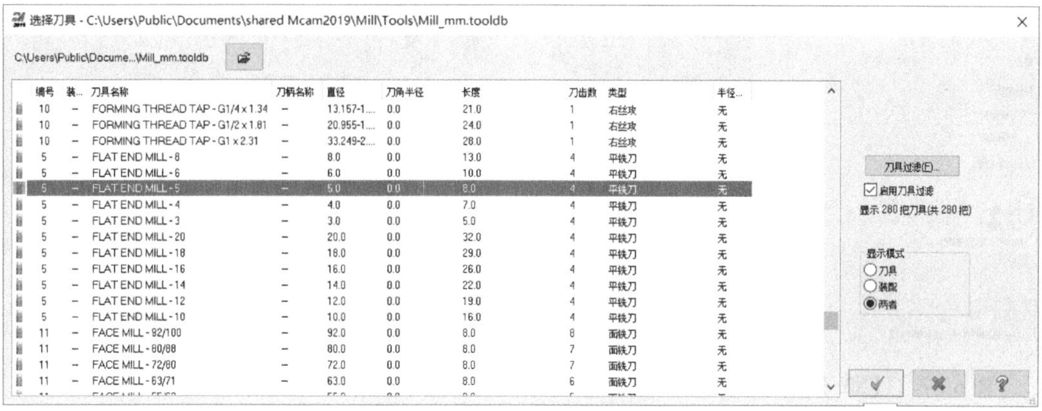

图 6-3-4　选择刀具

步骤六　在【Z 分层切削】参数中，设置最大粗切步进量为 2.0，精修次数为 1，精修量为 1.0，如图 6-3-5 所示。在【XY 分层切削】参数中，设置粗切为 1，间距为 2.0，精修为 1，间距为 0.5，如图 6-3-6 所示。

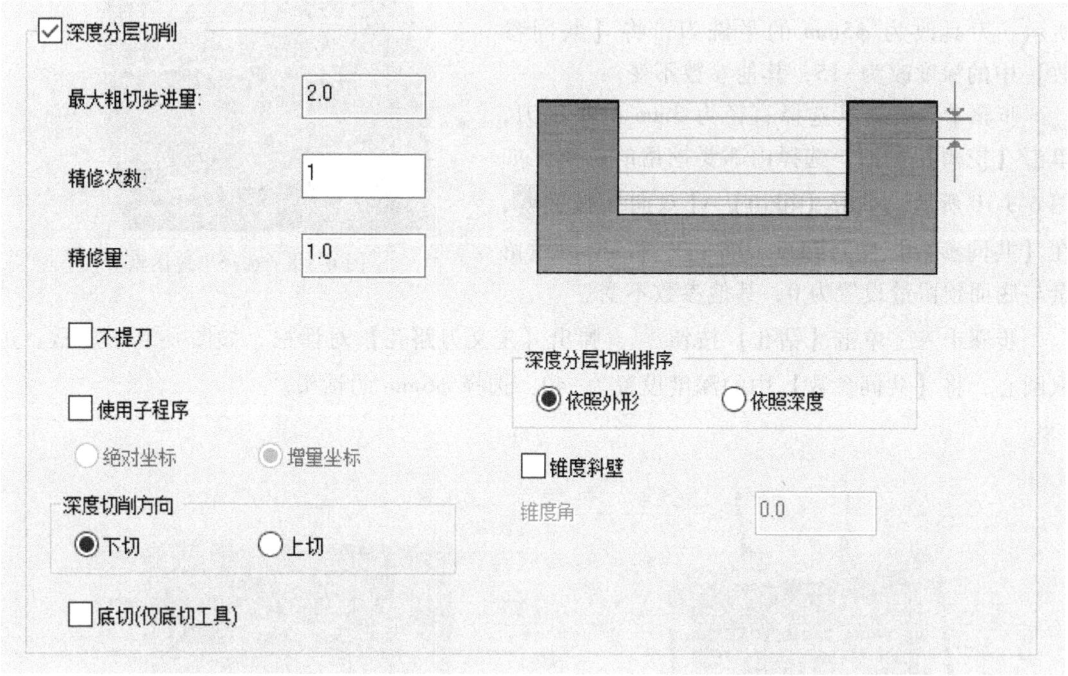

图 6-3-5　【Z 分层切削】参数设置

步骤七　【共同参数】设置如图 6-3-7 所示。

步骤八　单击【面铣】按钮，按照步骤四选择图 6-3-3 所示串连图素，选择直径为 20mm 的平铣刀，设置加工深度为 -10。

步骤九　单击【刀路类型】→【外形铣削】按钮，选取图 6-3-8 所示的串连图素。

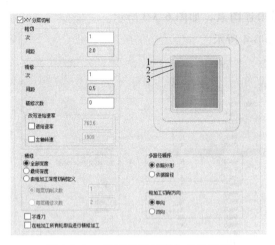

图 6-3-6 【XY 分层切削】参数设置

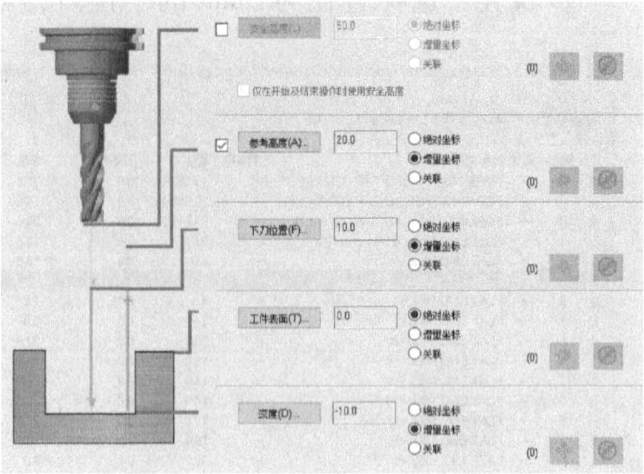

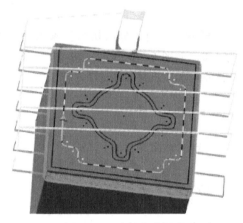

图 6-3-7 【共同参数】设置

步骤十 选择直径为 5mm 的平铣刀；【Z 分层切削】数值不变；【XY 分层切削】参数设置粗切为 8、间距为 3，精修为 1、间距为 1；【共同参数】中将深度改为 -20。

步骤十一 选取外部串连图素，如图 6-3-9 所示。刀具改为 φ5mm 的平铣刀，将【共同参数】中的深度改为 -15，其他参数不变。

步骤十二 刀具选择直径为 3mm 的平铣刀，单击【挖槽】按钮，选择内部要挖槽的轮廓，如图 6-3-10 所示。单击【粗切】→【双向】按钮，在【共同参数】中将深度设置为 -17，壁边预留量与底面预留量设置为 0，其他参数不变。

图 6-3-8 选择串连图素

步骤十三 单击【钻孔】按钮，弹出【定义刀路孔】对话框，如图 6-3-11 所示。选取圆心，将【共同参数】中的深度设置为 -40，选择 φ6mm 的钻头。

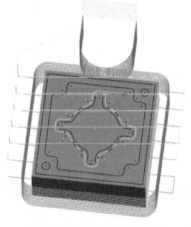

图 6-3-9 外部串连图素选取

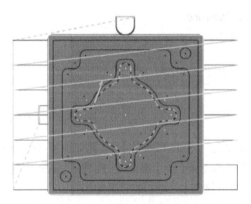

图 6-3-10 内部串连图素选取

项目六 铣削二维加工

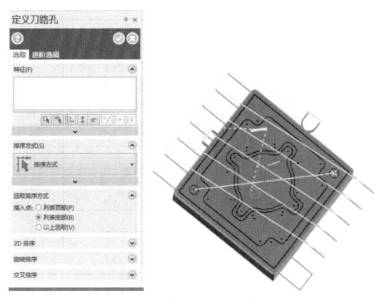

图 6-3-11 定义刀路孔和孔的拾取

步骤十四 单击【选择全部】按钮,验证已选择的操作,仿真验证结果如图6-3-12所示。

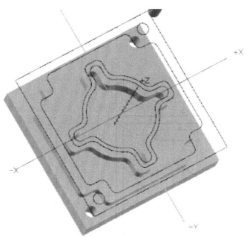

图 6-3-12 仿真验证结果

【任务评价】

序号	评价内容与要求	分值	自我评价 （25%）	小组评价 （25%）	教师评价 （50%）
1	学习态度	5			
2	正确绘制二维轮廓	10			
3	合理选择铣床	5			
4	合理设置毛坯	5			

(续)

序号	评价内容与要求	分值	自我评价（25%）	小组评价（25%）	教师评价（50%）
5	合理选用加工命令	10			
6	正确选取需要铣削的轮廓	5			
7	合理选定刀具及切削参数	15			
8	合理选定共同参数	5			
9	验证刀具路径的正确性	5			
10	按指定文件名，保存至规定位置	5			
11	任务实施方案的可行性、完成速度	10			
12	学习成果展示与问题作答	10			
13	安全、规范、文明操作	10			
	总分	100	合计：		

任务四　铣削综合加工（四）

【任务描述】

完成图 6-4-1 所示零件的铣削加工，掌握二维外形、挖槽铣削加工的方法，并使用后置处理生成数控加工程序。

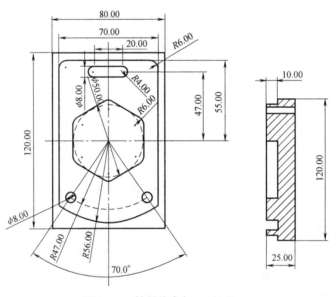

图 6-4-1　铣削综合加工（四）

【任务分析】

对于该图形的二维加工需要进行二维图纸的绘制、加工参数的设置、数控加工模拟仿真

项目六　铣削二维加工

三个步骤。加工设置主要用到的命令有外形铣削、平面铣削和钻孔命令。

【知识链接】

外形铣削加工通常采用高速工具钢或硬质合金材料制成的立铣刀，下刀点选在工件实体以外，并使刀具切入点的位置和方向尽可能沿工件轮廓切向延长线方向，刀具切入和切出时要注意避让工件上不该切削的部分及夹具。刀具切出时，仍要尽可能沿工件轮廓切向延长线方向切出工件，以利于刀具受力平稳，同时尽量保证工件轮廓过渡处无明显接痕。

【任务实施】

步骤一　单击【机床】→【铣床】按钮，选择【默认】。

步骤二　按【Alt+O】快捷键，弹出【刀路】对话框，单击【毛坯模型】按钮，弹出【毛坯模型】对话框，在文本框中输入新的名称，设置毛坯模型数据，将毛坯的长度、宽度、高度分别设置为130mm、90mm、30mm，如图6-4-2所示。单击按钮完成设置，得到的毛坯如图6-4-3所示。

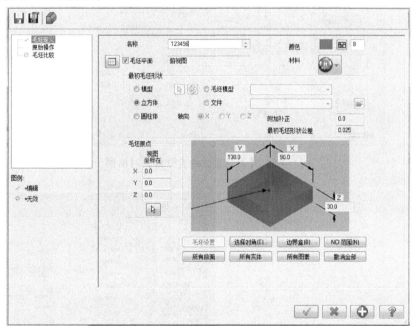

图6-4-2　毛坯设置

步骤三　单击【外形铣削】按钮，弹出【串连选项】对话框，选择串连图素，如图6-4-4所示。

步骤四　确定后弹出【2D刀路-外形铣削】对话框，在【刀具】空白处单击鼠标右键，在弹出的快捷菜单中单击【选择刀库刀具】→【刀具过滤】按钮，系统再次弹出【刀具过滤列表设置】对话框，如图6-4-5所示，选择直径为6mm的平铣刀。

单击【创建刀具】→【编辑刀具】按钮，更改刀齿长度为40，如图6-4-6所示。

【Z分层切削】中的各项数据如图6-4-7所示，【XY分层切削】中的各项数据如图6-4-8所示。

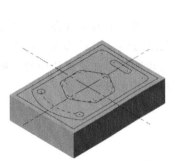
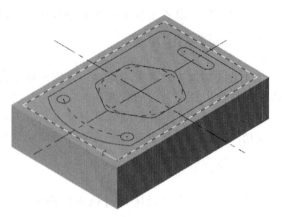

图 6-4-3　毛坯　　　　　　　　　　图 6-4-4　选择外形轮廓

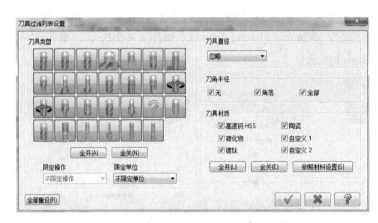

图 6-4-5　【刀具过滤列表设置】对话框

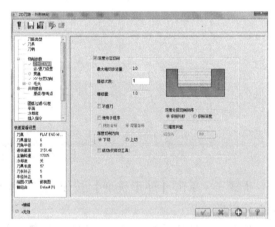

图 6-4-6　编辑刀具　　　　　图 6-4-7　【Z 分层切削】参数设置（一）

在【共同参数】中设置深度为 30，单击【确定】按钮完成设置。

步骤五　单击【展开刀路列表】按钮，单击【面铣】按钮，选择【串连】，将要串连的轮廓串连起来，如图 6-4-9 所示。

【Z 分层切削】参数如图 6-4-10 所示，将【共同参数】中的深度设置成 -5。

项目六　铣削二维加工

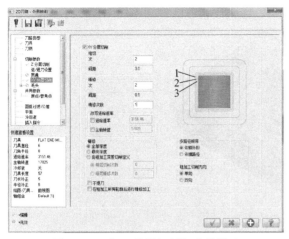

图 6-4-8　【XY 分层切削】参数设置

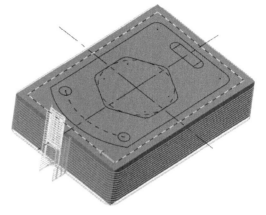

图 6-4-9　串连铣削图形

步骤六　单击【展开刀路列表】按钮，选择【挖槽】命令，选择多边形，单击按钮，【Z 分层切削】参数设置如图 6-4-11 所示，在【共同参数】中将深度设置成-15。

图 6-4-10　【Z 分层切削】参数设置（二）

图 6-4-11　【Z 分层切削】参数设置（三）

选择【挖槽】命令，单击需要挖槽的图形（长椭圆矩形），单击 选择刀库刀具… 按钮，选择直径为 3mm 的平铣刀，编辑刀具，设置刀齿长度为 40。

再次选择【挖槽】命令，选择图 6-4-12 所示的图形，在【共同参数】中设置深度为-30。

步骤七　单击【选择全部】按钮 进行验证操作，仿真加工效果如图 6-4-13 所示。

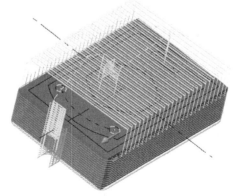

图 6-4-12　挖槽的图形

105

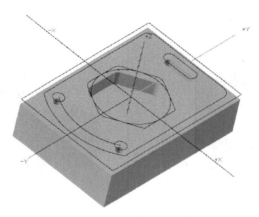

图 6-4-13　仿真加工效果

【任务评价】

序号	评价内容与要求	分值	自我评价（25%）	小组评价（25%）	教师评价（50%）
1	学习态度	5			
2	正确绘制二维轮廓	10			
3	合理选择铣床	5			
4	合理设置毛坯	5			
5	合理选用加工命令	10			
6	正确选取需要铣削的轮廓	5			
7	合理选定刀具及切削参数	15			
8	合理选定共同参数	5			
9	验证刀具路径的正确性	5			
10	按指定文件名,保存至规定位置	5			
11	任务实施方案的可行性,完成速度	10			
12	学习成果展示与问题作答	10			
13	安全、规范、文明操作	10			
	总分	100	合计：		

任务五　Mastercam2019 新功能——铣削关联应用

关联是与加工模型相关的元素及特征相关联。在 Mastercam2017 中，如果模型发生变更，对加工深度需要重新进行选择或者输入尺寸；Mastercam2018 之后，新增了模型【关联】选项，可以在很大程度上降低编程者的出错率，节约成本，提高生产效率。

以【2D 高速刀路-动态铣削】对话框为例，在【共同参数】中，分别在【安全高度】【参考高度】【下刀位置】【工件表面】【深度】等区域增加了【关联】选项，如图 6-5-1 所示。当模型通过推拉命令进行修改时，加工尺寸及模型高度参数就会发生变更，可使用【关联】命令根据实体模型变化的深度自动关联，只需要重新计算刀路即可，如图 6-5-2 所示。

项目六 铣削二维加工

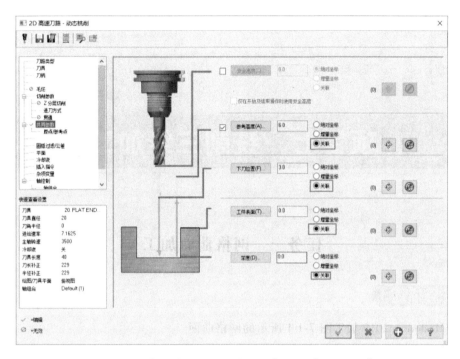

图 6-5-1 【2D 高速刀路-动态铣削】中的【关联选项】

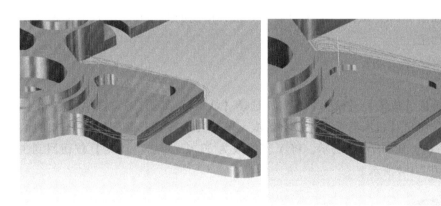

图 6-5-2 关联设置

项目七 铣削三维加工

任务一 网格曲面加工

【任务描述】

使用 Mastercam2019 加工图 7-1-1 所示的网格曲面。

【任务分析】

加工曲面如图 7-1-1，掌握三维铣削加工方法，用到的曲面加工方法有曲面粗切挖槽、曲面高速挖槽加工。

【实例操作】

步骤一 单击【机床】→【铣床】按钮，选择【默认】。如图 7-1-2 所示，单击【毛坯设置】选项，系统弹出【机床群组属性】对话框，单击【边界盒】按钮，选中该曲面，单击【结束选择】按钮，如图 7-1-3 所示，将 Y 值修改为 37.0，单击【确定】按钮回到主界面，生成的毛坯如图 7-1-4 所示。

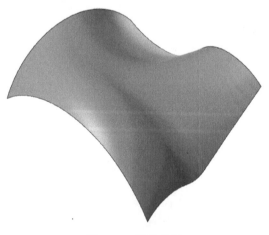

图 7-1-1 网格曲面

图 7-1-2 毛坯设置

项目七 铣削三维加工

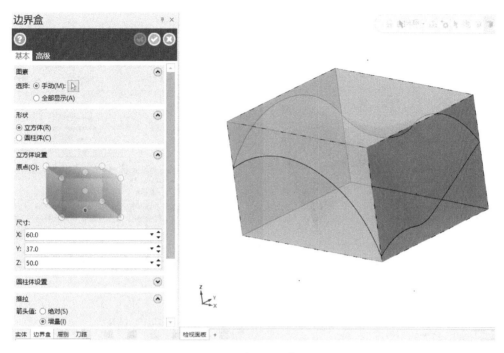

图 7-1-3 使用【边界盒】设置毛坯

步骤二 如图 7-1-5 所示,选择【挖槽】命令,在弹出的对话框中选择加工该曲面,在串连选项中选取图 7-1-6 所示范围。在刀具库中选择直径为 8mm 的平铣刀,刀具参数设置如图 7-1-7 所示。曲面参数设置如图 7-1-8 所示,加工面预留量改为 1.0。挖槽参数设置如图 7-1-9 所示。

步骤三 绘制图 7-1-10 所示的长度为 65mm、宽度为 55mm 的矩形,作为下一个加工命令的切削范围。

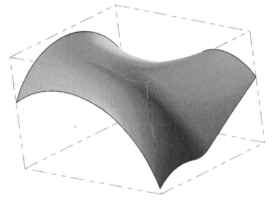

图 7-1-4 生成的毛坯

步骤四 单击【精切】→【等距环绕】按钮,如图 7-1-11 所示。将壁预留量与底面预留量设置为 0.0,在图 7-1-12 中箭头所示位置选择加工面。

步骤五 如图 7-1-13 所示,切削范围选择为之前所绘制的矩形。

步骤六 在刀库中选择直径为 3mm 的球形铣刀,刀具参数设置如图 7-1-14 所示。

图 7-1-5 选择【挖槽】命令

109

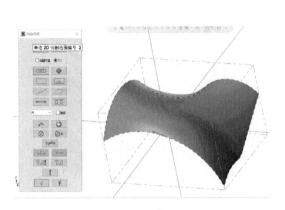

图 7-1-6　加工范围串连

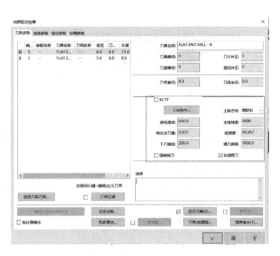

图 7-1-7　【刀具参数】设置

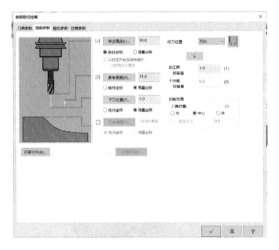

图 7-1-8　【曲面参数】设置

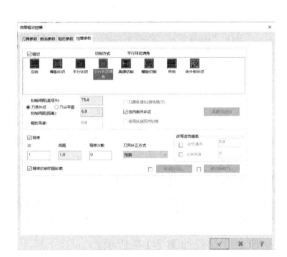

图 7-1-9　【挖槽参数】设置

图 7-1-10　绘制矩形

项目七 铣削三维加工

图 7-1-11 【等距环绕】按钮

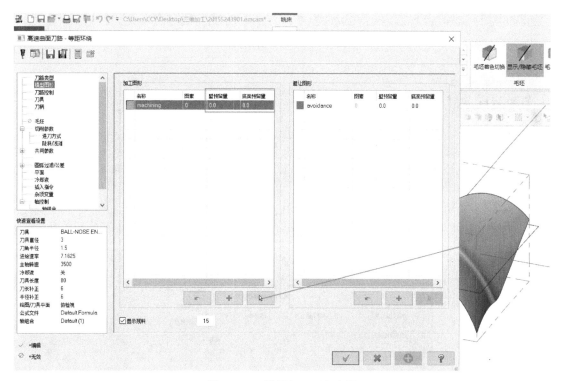

图 7-1-12 设置加工面与余量

步骤七 如图 7-1-15 所示，切削方向改为【双向】，勾选【平面螺旋】复选框，切削间距改为 0.5。

步骤八 选择图 7-1-16 所示的刀具群组，模拟生成刀具路径。图 7-1-17 为模拟加工效果图，如出现加工表面粗糙，应按照工艺要求更改切削参数中的切削间距数值。

111

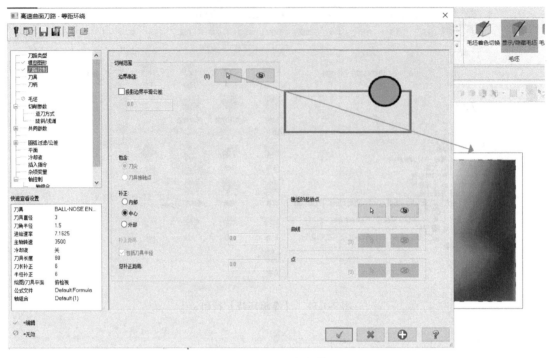

图 7-1-13 选择切削范围

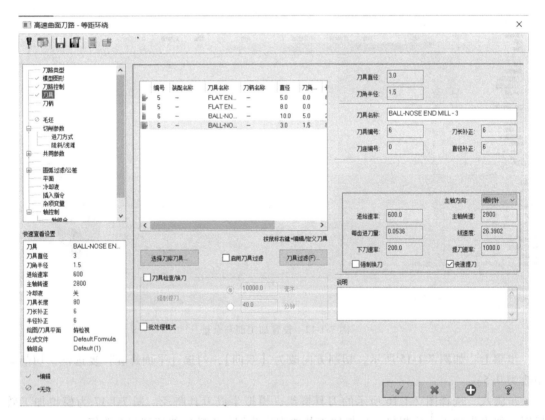

图 7-1-14 刀具参数设置

项目七　铣削三维加工

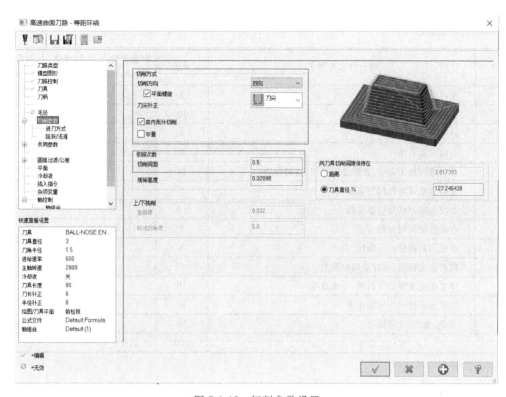

图 7-1-15　切削参数设置

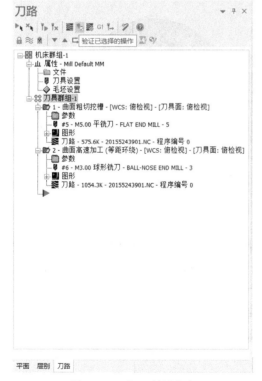

图 7-1-16　加工所用命令

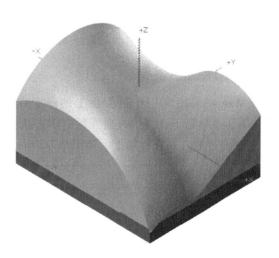

图 7-1-17　模拟加工效果图

113

【任务评价】

序号	评价内容与要求	分值	自我评价（25%）	小组评价（25%）	教师评价（50%）
1	学习态度	5			
2	正确绘制三维曲面	10			
3	合理选择铣床	5			
4	合理设置毛坯	5			
5	合理选用加工命令，合理使用粗切、精切命令	10			
6	正确选取需要铣削的曲面	5			
7	合理选定刀具及切削参数	15			
8	合理选定共同参数	5			
9	验证刀具路径的正确性	5			
10	按指定文件名，保存至规定位置	5			
11	任务实施方案的可行性，完成速度	10			
12	学习成果展示与问题作答	10			
13	安全、规范、文明操作	10			
	总分	100	合计：		

任务二　举升曲面加工

【任务描述】

使用 Mastercam2019 加工图 7-2-1 所示的曲面，掌握三维铣削加工方法。

【任务分析】

加工图 7-2-1 曲面，掌握三维铣削加工方法，用到的命令有优化动态铣削加工。

【知识链接】

图 7-2-1　举升曲面

Mastercam2019 用于三维加工的命令在【机床】菜单栏下。在生成曲面后，单击选择机床类型为铣床，在【刀路】→【3D】工具栏中选择合适的方式进行加工，如图 7-2-2 所示，展开后的【3D】工具栏如图 7-2-3 所示。

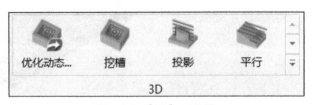

图 7-2-2　【3D】工具栏

【实例操作】

步骤一 打开之前绘制好的曲面文件,单击【机床】→【铣床】→【默认】按钮,进入刀具路径创建界面。

步骤二 按下键盘上的【Alt+O】快捷键,会弹出【刀路】操作管理器。单击【机床群组】→【属性】→【毛坯设置】按钮,对毛坯进行设置;选择尺寸边界盒,弹出【边界盒】对话框,选择所有曲面,单击【结束选取】按钮,设置毛坯为圆柱形,轴线为 Z 轴,单击【确定】按钮,生成的毛坯如图 7-2-4 所示。

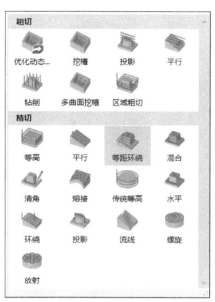

图 7-2-3 展开后【3D】工具栏

步骤三 单击【3D】工具栏中的【优化动态铣削】按钮,弹出【优化动态粗切】对话框,选中【machining】选项,单击【选择图素】按钮,选择所有曲面,选择直径为 6mm 的球形铣刀,单击【确定】按钮完成设置。生成的刀具路径如图 7-2-5 所示。

图 7-2-4 生成的毛坯

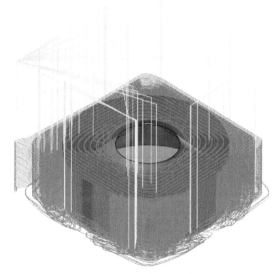

图 7-2-5 生成的刀具路径

步骤四 打开所生成曲面的草图,单击【曲面】菜单栏中的【修剪】按钮,弹出【串连选项】对话框,选择【单体】,选择曲面顶部边界,单击【确定】按钮,绘制完成后如图 7-2-6 所示。

步骤五 单击【3D】工具栏中的【放射】按钮,弹出【放射】对话框,选中【machining】选项;单击【选择图素】按钮,选择所有曲面,将预留量全部设置为 0。选择直径为 3mm 的球形铣刀,在【切削参数】选项中设置内径为 20、外径为 50,在【共同参数】选项中,修改最大切削距离为 1.5。单击【确定】按钮,完成设置,刀具路径如图 7-2-7 所示。

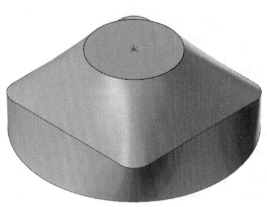

图 7-2-6 封闭顶端

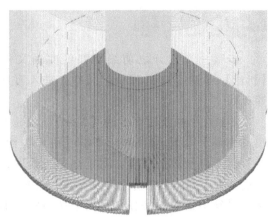

图 7-2-7 完成的刀具路径

步骤六 验证已选择的操作,加工完成后如图 7-2-8 所示。

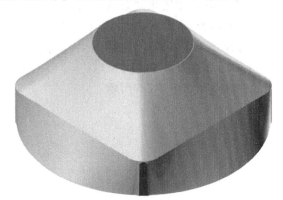

图 7-2-8 仿真验证

【任务评价】

序号	评价内容与要求	分值	自我评价（25%）	小组评价（25%）	教师评价（50%）
1	学习态度	5			
2	正确绘制三维曲面	10			
3	合理选择铣床	5			
4	合理设置毛坯	5			
5	合理选用加工命令	10			
6	正确选取需要铣削的曲面	5			
7	合理选定刀具及切削参数	15			
8	合理选定共同参数	5			
9	验证刀具路径的正确性	5			
10	按指定文件名,保存至规定位置	5			
11	任务实施方案的可行性,完成速度	10			
12	学习成果展示与问题作答	10			
13	安全、规范、文明操作	10			
	总分	100	合计:		

任务三 特殊网格曲面加工

【任务描述】

使用 Mastercam2019 对图 7-3-1 所示的特殊网格曲面进行加工设置。

【任务分析】

加工图 7-3-1 曲面,掌握三维铣削加工方法,使用的加工命令有优化动态铣削、放射状铣削加工。

图 7-3-1 特殊网格曲面

【任务实施】

步骤一 打开项目三中任务四做好的特殊网格曲面文件,单击【机床】→【铣床】→【默认】按钮,进入刀具路径创建界面。

步骤二 按下键盘上的【Alt+O】快捷键,会弹出【刀路】操作管理器。单击【机床群组】→【属性】→【毛坯设置】按钮,选择尺寸边界盒,弹出【边界盒】对话框,选择曲面,单击【结束选取】按钮,设置毛坯为圆柱形,轴线为 Z 轴,单击【确定】按钮,生成的毛坯如图 7-3-2 所示。

步骤三 单击【3D】工具栏中的【优化动态铣削】按钮,弹出【优化动态粗切】对话框,选中【machining】选项,单击【选择图素】按钮,选择曲面,选择直径为6mm的球形铣刀,单击【确定】按钮完成设置,设置后的刀具路径如图 7-3-3 所示。

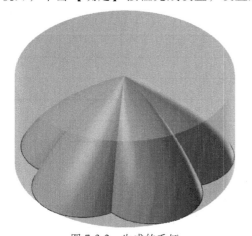

图 7-3-2 生成的毛坯

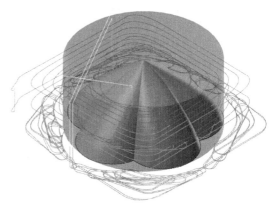

图 7-3-3 生成刀具路径

步骤四 选择【3D】工具栏中的【放射】命令,弹出【放射】对话框,选中【machining】选项;单击【选择图素】按钮,选择网格曲面,将预留量全部设置为0。选择直径为3mm的球形铣刀,在【切削参数】选项中设置切削间距为1、内径为0、外径为67,在【共同参数】选项中,修改最大切削距离为1.5。单击【确定】按钮完成设置,刀具路径如图 7-3-4 所示。

步骤五 验证已选择的操作,完成后实体如图 7-3-5 所示。

图7-3-4 生成放射刀具路径

图7-3-5 仿真验证

【任务评价】

序号	评价内容与要求	分值	自我评价（25%）	小组评价（25%）	教师评价（50%）
1	学习态度	5			
2	正确绘制三维曲面	10			
3	合理选择铣床	5			
4	合理设置毛坯	5			
5	合理选用加工命令	10			
6	正确选取需要铣削的曲面	5			
7	合理选定刀具及切削参数	15			
8	合理选定共同参数	5			
9	验证刀具路径的正确性	5			
10	按指定文件名,保存至规定位置	5			
11	任务实施方案的可行性,完成速度	10			
12	学习成果展示与问题作答	10			
13	安全、规范、文明操作	10			
	总分	100	合计：		

任务四　扫描曲面加工

【任务描述】

使用Mastercam2019加工图7-4-1所示的扫描曲面。

项目七　铣削三维加工

【任务分析】

加工曲面如图 7-4-1，掌握三维铣削加工方法，使用到的加工命令有曲面高速刀路-平行铣削加工。

【知识链接】

平行三维粗加工和平行三维精加工都是三维铣削加工中的加工方式，主要是针对流线型曲面图形的三维加工所使用的加工方法。平行三维粗加工是选定所需要加工的曲面后，对其进行加工；平行三维精加工则是对已经过粗加工的工件表面进行进一步加工。图 7-4-2 所示为【高速曲面刀路-平行】对话框。

图 7-4-1　扫描曲面

【任务实施】

步骤一　选择【机床】→【机床类型】→【铣床】→【默认】，进入刀具路径创建界面。

步骤二　按下键盘上的【Alt+O】快捷键，弹出【刀路】操作管理器，选择【机床群组】→【属性】→【毛坯设置】，在【边界盒】对话框中设置毛坯，如图 7-4-3 所示。

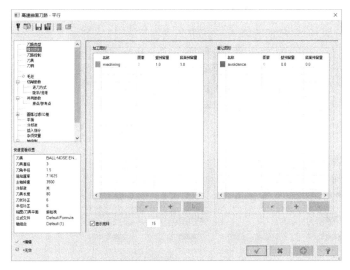

图 7-4-2　【高速曲面刀路-平行】对话框

图 7-4-3　【边界盒】对话框

步骤三　将毛坯 Z 轴高度设置为 30，设置完成后的毛坯如图 7-4-4 所示。

步骤四　单击【3D】工具栏中的【平行】按钮，弹出【选择工件形状】对话框，选择【未定义】，点选所要加工的曲面，选择完成后如图 7-4-5 所示。

119

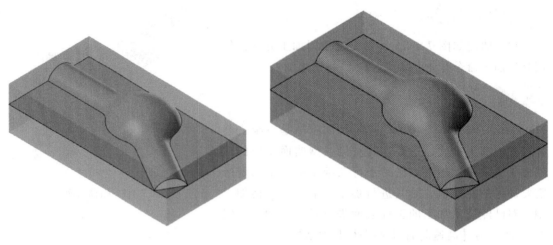

图 7-4-4　毛坯　　　　　　　　　图 7-4-5　选择加工曲面

步骤五　单击【结束选择】按钮，弹出【曲面粗切平行】对话框，如图 7-4-6 所示。

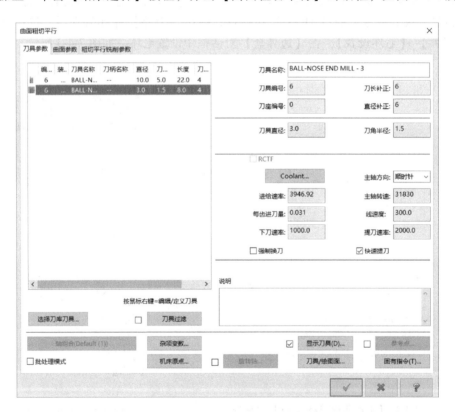

图 7-4-6　【曲面粗切平行】对话框

步骤六　单击【选择刀库刀具】按钮，选择直径为 10mm 的球形铣刀。在【刀具参数】选项卡中设定进给速率、下刀速率、提刀速率等参数；在【曲面参数】选项卡中设置加工面预留量为 1；在【粗切平行铣削参数】选项卡中设置最大切削参数为 4。生成的刀具路径如图7-4-7 所示。

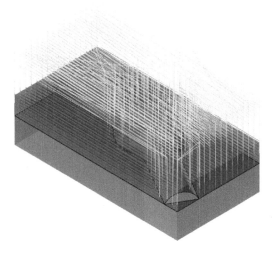

图 7-4-7 粗加工刀具路径

步骤七 隐藏曲面粗切平行的刀具路径,在【精切】中单击【平行】按钮,弹出【高速曲面刀路-平行】对话框,如图 7-4-8 所示。

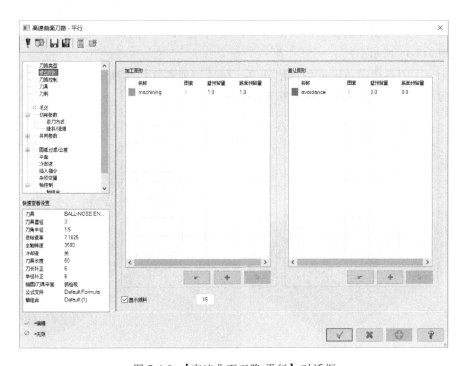

图 7-4-8 【高速曲面刀路-平行】对话框

步骤八 在【高速曲面刀路-平行】对话框中选择【machining】选项,单击下方的指针按钮,选取需要进行精加工的曲面,选择完成后如图 7-4-9 所示。

步骤九　刀具选择直径为 3mm 的球形铣刀，在【切削参数】选项中设置切削间距为 0.15，在【共同参数】选项中设置最大修剪距离为 0.5，完成后的刀具路径如图 7-4-10 所示。

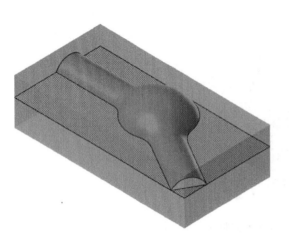

图 7-4-9　精加工曲面　　　　　　　　　图 7-4-10　精加工刀具路径

步骤十　单击【精切】→【平行】按钮，弹出【高速曲面刀路-平行】对话框，将【machining】选项中的壁预留量和底面预留量设置为 0，选择所有曲面作为加工面，所选择的加工曲面如图 7-4-11 所示。

步骤十一　刀具选择 φ3mm 的球形铣刀，在【切削参数】选项中设置切削间距为 0.05，残脊高度为 0，完成后的刀具路径如图 7-4-12 所示。

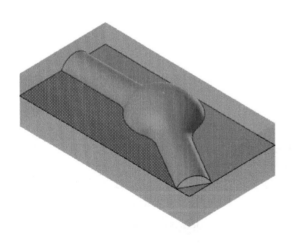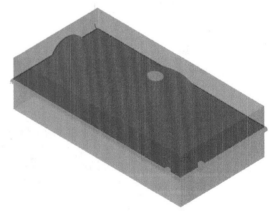

图 7-4-11　加工曲面　　　　　　　　　图 7-4-12　刀具路径

步骤十二　选择单一曲面完成平行加工，生成的刀具路径如图 7-4-13 所示。

步骤十三　仿真验证操作如图 7-4-14 所示。

项目七 铣削三维加工

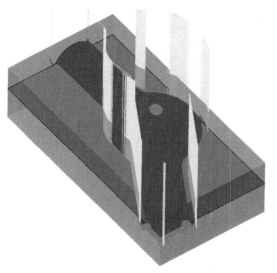

图 7-4-13 平行加工刀具路径

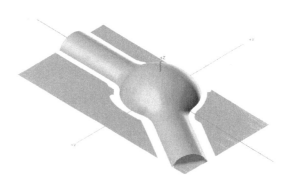

图 7-4-14 仿真验证

【任务评价】

序号	评价内容与要求	分值	自我评价（25%）	小组评价（25%）	教师评价（50%）
1	学习态度	5			
2	正确绘制三维曲面	10			
3	合理选择铣床	5			
4	合理设置毛坯	5			
5	合理选用加工命令	10			
6	正确选取需要铣削的曲面,合理使用粗、精加工命令	5			
7	合理选定刀具及切削参数	15			
8	合理选定共同参数	5			
9	验证刀具路径的正确性	5			
10	按指定文件名,保存至规定位置	5			
11	任务实施方案的可行性,完成速度	10			
12	学习成果展示与问题作答	10			
13	安全、规范、文明操作	10			
总分		100	合计:		

任务五 数控加工后置处理

Mastercam2019 后置处理通过编译器读取刀具路径和操作参数,以及选择机床参数、刀具参数、控制器定义参数、机床群组参数而生成对应的 G 代码文件。通常生成的是 NC 后置文件格式。

1. 具体生成步骤

如图 7-5-1 所示,选中要生成的加工设置,单击【G1】按钮进行代码生成。图 7-5-2 所示为【后处理程序】对话框，图 7-5-3 所示为【输出部分 NCI 文件】对话框，按照提示确定位置和文件名。

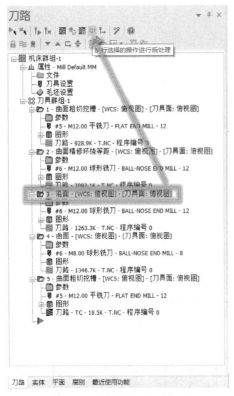

图 7-5-1　G 代码生成操作

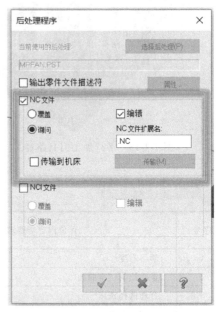

图 7-5-2　【后处理程序】对话框

2. 生成的 G 代码文件说明

图 7-5-4 所示为 G 代码窗口，其中框选区域包含文件名称、保存位置、生成时间等信息。具体代码如图 7-5-5 所示，以"G"开头的为执行代码命令，后置处理原则是解释执行，即每读出刀位源文件中

图 7-5-3　【输出部分 NCI 文件】对话框

的一个完整的记录（行），便分析该记录的类型，根据机床结构进行运动变换，将前置刀位轨迹变换并分解到机床各运动轴上，获得各轴运动分量。对于多坐标加工，由于旋转运动的非线性和回转半径的放大作用，还需要分别进行非线性运动误差校验、进给速率校验，再按机床控制指令格式转换成相应的程序代码，直到刀位文件结束。

常用代码：G17 为加工平面为 XY 的平面加工；G40 与 G41 是一组命令，G41 代表添加刀补，G40 代表取消刀补；G90 代表绝对坐标移动；G0 代表快速点位移动，G1 代表直线切削时的移动；G2 代表顺时针圆弧插补，G3 代表逆时针圆弧插补。T6 指的是换刀时的刀具号。S 代表主轴转速，M3 代表主轴顺时针方向转动，S 和 M3 必须同时出现。F 代表切削速度，通常跟在 G0、G1、G2、G3 后面。G43 H 代表刀具与工件高度上的刀补。X、Y、Z 是

项目七 铣削三维加工

机床基础的三轴，A 是当机床出现多轴加工时的具体坐标位置。在图 7-5-5 的结尾部分，M5 表示主轴停止转动，M30 表示程序结束并返回程序头。

图 7-5-4 生成的 G 代码文件

图 7-5-5 代码

项目八　四轴加工

任务一　简单零件的四轴加工

【任务描述】

绘制图 8-1-1 所示简单三维实体零件并进行加工仿真，掌握四轴加工方法。

【任务分析】

图 8-1-1 所示三维实体的二维图形如图 8-1-2 所示。

图 8-1-1　简单三维实体

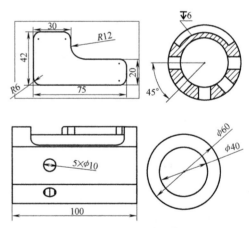

图 8-1-2　二维图形

【实例操作】

步骤一　单击【机床】→【机床类型】→【铣床】→【默认】按钮，进入刀具路径创建界面。

步骤二　选择【刀路】操作管理器中的【机床群组】→【属性】→【毛坯设置】，单击选择实体，接着选择已绘制好的实体毛坯，单击【确定】按钮。设置完成后如图 8-1-3 所示。

步骤三　粗加工。单击【2D】工具栏中的【挖槽】按钮，弹出【串连选项】对话框，选择【底部线条】，如图 8-1-4 所示。

项目八　四轴加工

图 8-1-3　生成毛坯

图 8-1-4　选择串连图素

步骤四　选择直径为 14mm 的平铣刀，在【切削参数】中设置壁边预留量为 0.5，底面预留量为 0，设置进刀方式为斜插进刀，Z 值为 10，进刀角度为 6°，第一外形长度为 3。

步骤五　设置参考高度为 100，下刀位置为 25，工件表面为 0，深度为 0。

步骤六　在【旋转轴控制】中，设置旋转方式为【替换轴】，选择为替换 Y 轴，刀具路径如图 8-1-5 所示。

步骤七　精加工。单击【2D】→【外形】按钮，选择直径为 6mm 的平铣刀，设置壁边预留量为 0，其他设置不变，完成后的刀具路径如图 8-1-6 所示。

图 8-1-5　挖槽粗加工刀具路径

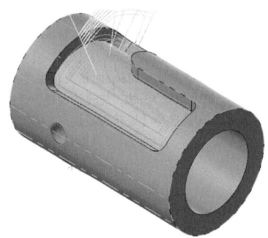

图 8-1-6　外形精加工刀具路径

步骤八　中心孔加工。单击【实体】→【孔轴】按钮（图 8-1-7），选中五个孔的圆心，

图 8-1-7　【孔轴】按钮的位置

127

如图 8-1-8 所示，选择后的效果如图 8-1-9 所示。

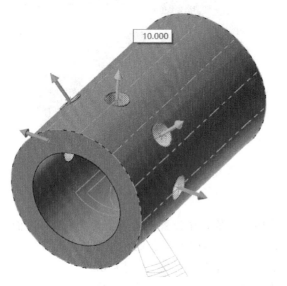

图 8-1-8 选择孔圆心

图 8-1-9 孔选择完成

步骤九　单击【2D】→【钻孔】按钮，选中五个孔的圆心。刀具选择直径为 8mm 的中心钻，在【共同参数】中将参考高度设置为 100，工件表面设置为 0，深度设置为-5，将旋转轴设置为替换 Y 轴，旋转轴方向设置为顺时针方向，旋转直径设置为 60，选择【展开公差】。完成后的刀具路径如图 8-1-10 所示。

步骤十　通孔加工。单击【2D】→【钻孔】按钮，选中五个孔的圆心，单击【确定】按钮。刀具选择直径为 10mm 的钻头，在【共同参数】中将参考高度设置为 100，工件表面设置为 0，深度设置为-20，旋转轴设置为替换 Y 轴，旋转轴方向设置为顺时针方向，旋转直径设置为 60，选择【展开公差】。

步骤十一　选中所有刀具路径，进行仿真验证，如图 8-1-11 所示。

图 8-1-10 生成钻孔刀具路径

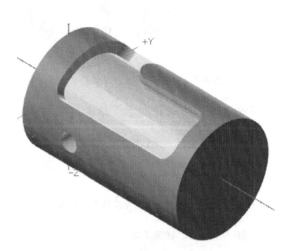

图 8-1-11 模拟加工完成

【任务评价】

序号	评价内容与要求	分值	自我评价（25%）	小组评价（25%）	教师评价（50%）
1	学习态度	5			
2	正确绘制草图	5			
3	正确生成所绘制草图的实体	10			
4	合理选择铣床	5			
5	合理设置毛坯	5			
6	合理选用加工命令	10			
7	正确选取需要铣削的轮廓或线段	5			
8	合理选定刀具及切削参数	15			
9	合理选定共同参数	5			
10	验证刀具路径的正确性	5			
11	按指定文件名，保存至规定位置	5			
12	任务实施方案的可行性，完成速度	5			
13	学习成果展示与问题作答	10			
14	安全、规范、文明操作	10			
总分		100	合计：		

任务二　复杂零件的四轴加工

【任务描述】

加工设置并仿真图 8-2-1 所示的复杂三维实体。

图 8-2-1　复杂三维实体

【任务分析】

图 8-2-1 所示三维实体的二维图形如图 8-2-2 所示。

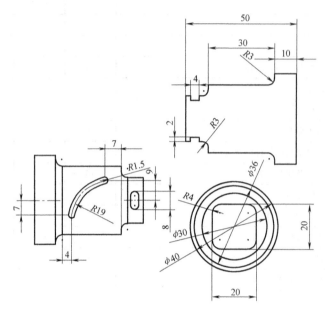

图 8-2-2　二维图形

【实例操作】

步骤一　打开教材源文件，选择【机床】，进入刀具路径创建界面。

步骤二　在【刀路】操作管理器中选择【机床群组】→【属性】→【毛坯设置】，毛坯选择该实体，生成的毛坯如图 8-2-3 所示。

步骤三　外形铣削。单击【2D】→【外形】按钮，选择图 8-2-4 所示平面。在【刀具选项】中选择直径为 10mm 的平铣刀，壁边预留量设置为 0.5，在【Z 分层切削】中设置最大粗切步进量为 3，在【XY 分层切削】中设置切削次数为 2、切削间距为 5，再将工件表面设置为 50，深度设置为-7。生成的刀具路径如图 8-2-5 所示。

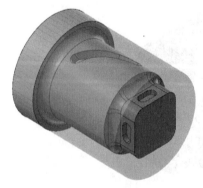

图 8-2-3　毛坯

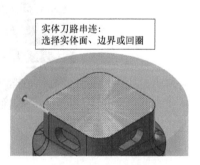

图 8-2-4　选取边界

步骤四　单击【2D】→【外形】按钮，选择图 8-2-6 所示曲线。选择直径为 10mm 的平铣刀，壁边预留量设置为 0.5，在【Z 分层切削】中设置最大粗切步进量为 5，在【XY 分层切削】中设置切削次数为 1、切削间距为 5，再将工件表面设置为 50，深度设置为 0，生成的刀具路径如图 8-2-7 所示。

步骤五　单击【2D】→【外形】按钮，选择图 8-2-8 所示曲线。选择直径为 10mm 的平铣刀，壁边预留量设置为 0.5，在【Z 分层切削】中设置最大粗切步进量为 5，在【XY 分层切削】中设置切削次数为 2、切削间距为 4，工件表面设置为 50，深度设置为 0，完成后的刀具路径如图 8-2-9 所示。

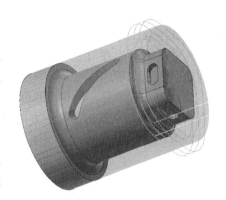

图 8-2-5　外形铣削刀具路径（一）

图 8-2-6　选择串连图素

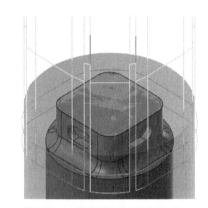

图 8-2-7　外形铣削刀具路径（二）

图 8-2-8　选择曲线

图 8-2-9　外形铣削刀具路径（三）

步骤六　单击【2D】→【外形】按钮，选择图 8-2-10 所示圆。选择直径为 10mm 的平铣刀，壁边预留量设置为 0.5，在【Z 分层切削】中设置最大粗切步进量为 5，在【XY 分层切削】中设置切削次数为 1、切削间距为 4，再将工件表面设置为 20，深度设置为 0，生成刀具路径。

步骤七　加工圆弧面。单击【2D】→【外形】按钮，选择图 8-2-9 中的上表面边线。在刀具库中选择直径为 6mm 的球形铣刀，将壁边预留量设置为 0，在【Z 分层切削】设置最大粗切步进量为 10，在【XY 分层切削】中设置切削次数为 1、切削间距为 4，将工件表面设置为 40，深度设置为 -3。

步骤八　外形加工。单击【外形】按钮，选择图 8-2-11 所示曲线，在【刀具选项】中选择直径为 3mm 的平铣刀，补正方向设置为左，壁边预留量设置为 0，工件表面设置为 2，深度设置为 0。

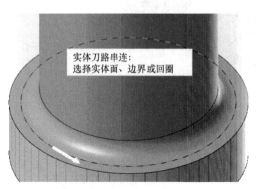

图 8-2-10　选择圆

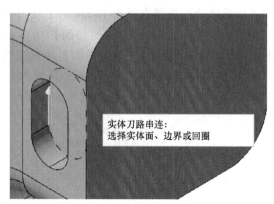

图 8-2-11　选择实体刀路串连

步骤九　单击【刀路转换】按钮，选择步骤八中的外形。类型设置为【旋转】，方式设置为【刀具平面】，来源设置为【NCI】，在【旋转】选项卡中设置旋转视图为右视图，确定后生成转换/旋转刀具路径。

步骤十　单击【2D】→【外形】按钮，选择图 8-2-12 所示曲面，在【刀具选项】中选择直径为 3mm 的平铣刀，方向设置为【右补正】，壁边预留量设置为 0，最大粗切步进量设置为 2，工件表面设置为 0，深度设置为 0。将【旋转轴控制】选项中的旋转方式设置为【替换轴】，替换轴设置为替换 Y 轴，旋转轴方向设置为顺时针方向，旋转直径设置为 30。

步骤十一　选中所有刀具路径，单击【验证已选择的操作】按钮，仿真验证结果如图 8-2-13 所示。

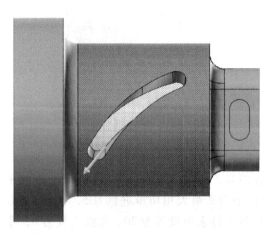

图 8-2-12　选择曲面

图 8-2-13　仿真验证结果

【任务评价】

序号	评价内容与要求	分值	自我评价（25%）	小组评价（25%）	教师评价（50%）
1	学习态度	5			
2	正确绘制草图	5			
3	正确生成所绘草图的实体	10			
4	合理选择铣床	5			
5	合理设置毛坯	5			
6	合理选用加工命令	10			
7	正确选取需要铣削的轮廓或线段	5			
8	合理选定刀具及切削参数	15			
9	合理选定共同参数	5			
10	验证刀具路径的正确性	5			
11	按指定文件名，保存至规定位置	5			
12	任务实施方案的可行性，完成速度	5			
13	学习成果展示与问题作答	10			
14	安全、规范、文明操作	10			
总分		100	合计：		

项目九　五轴加工

任务一　外轮廓五轴加工

绘制图 9-1-1 所示零件并进行加工仿真。

【任务分析】

本任务用到的命令有实体中的【立方体】【拉伸】【修剪到曲面】和曲面中的【扫描】等。

【任务实施】

图 9-1-1　外轮廓三维模型

一、实体建模

步骤一　创建 180mm×120mm×10mm 的立方体。如图 9-1-2 所示，单击【实体】中的【立方体】按钮，参数设置如图 9-1-3 所示，确定后将光标移至图 9-1-4 所示箭头位置。

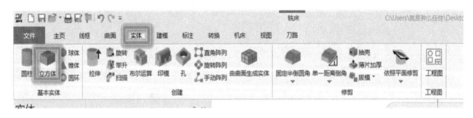

图 9-1-2　【立方体】按钮位置

步骤二　生成凸台曲面。

1) 按下【Alt+1】快捷键或按照图 9-1-5 所示【视图】命令将视图转换为俯视图，在俯视图绘图面上绘制要拉伸为凸台的二维图形。

图 9-1-3 【基本 立方体】参数设置

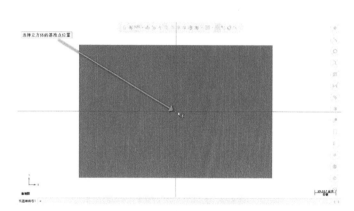

图 9-1-4 基准点位置选择

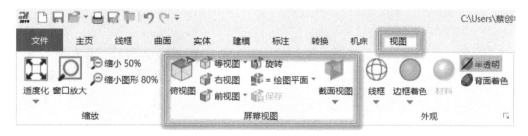

图 9-1-5 【视图】菜单栏

绘制过程中可将实体半透明化,【半透明】按钮位置如图 9-1-6 所示（可不进行尺寸标注）。具体尺寸如图 9-1-7 所示，绘制结果如图 9-1-8 所示。

图 9-1-6 【半透明】按钮位置

2）单击【实体】→【拉伸】按钮，如图 9-1-9 所示。按图 9-1-10 所示选择串连图素，参数设置如图 9-1-11 所示。

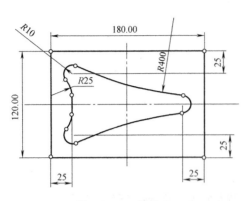

图 9-1-7 二维尺寸

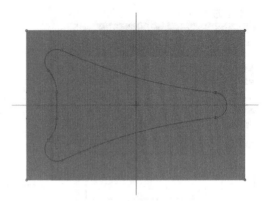

图 9-1-8 绘制结果

图 9-1-9 【拉伸】按钮位置

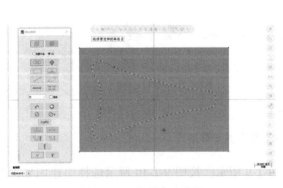

图 9-1-10 拉伸串连选择

图 9-1-11 拉伸参数设置

3)绘制曲面。按下【Alt+2】快捷键将视图切换为前视图。单击【已知点画圆】按钮,输入圆心点坐标(0,-270,0),如图9-1-12所示,参数设置如图9-1-13所示。绘制一条直线对圆进行切割,如图9-1-14所示。

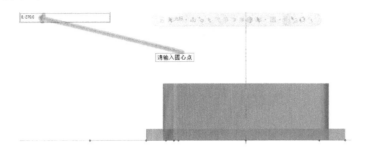

图9-1-12 输入圆心点坐标

图9-1-13 圆的参数设置(一)

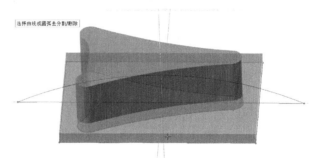

图9-1-14 绘制直线对圆进行切割

4)将视图切换为右视图,使用绘图命令在圆弧端点画一条长度为250mm的垂直线段,如图9-1-15所示。在该线段的下端点使用画圆命令画圆,参数设置如图9-1-16所示,并对圆进行切割,如图9-1-17所示。

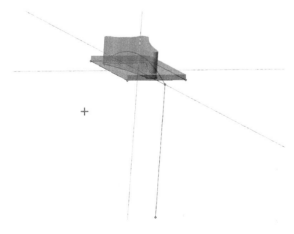

图9-1-15 绘制线段

图9-1-16 圆的参数设置(二)

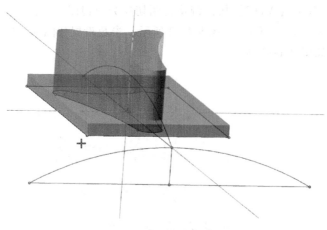

图 9-1-17　切割操作

5）使用【曲面】中的【扫描】命令创建曲面。截面方向的曲线拾取如图 9-1-18 所示，拾取引导线如图 9-1-19 所示，生成图 9-1-20 所示的曲面。

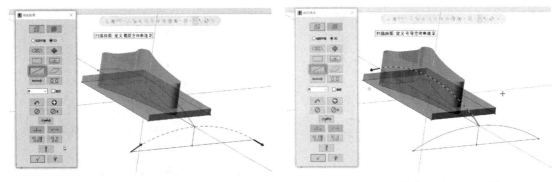

图 9-1-18　扫描曲面截面串连选择　　　　　图 9-1-19　扫描曲面引导串连选择

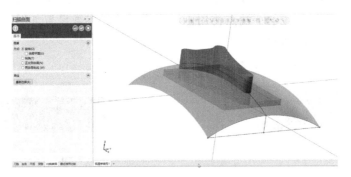

图 9-1-20　生成的曲面

步骤三　对实体进行切割操作。单击【修剪到曲面】按钮，如图 9-1-21 所示。选择图 9-1-22 所示的实体，点选曲面对该实体进行切割操作，切割后的效果如图 9-1-23 所示。如果生成的实体切割方向相反，则单击【反向】按钮切换修剪方向。选中曲面后单击图 9-1-24 所示的按钮可隐藏曲面。

项目九 五轴加工

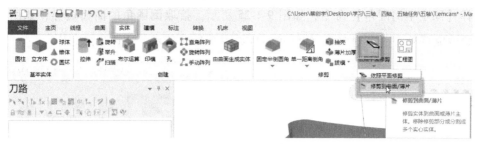

图 9-1-21 【修剪到曲面】按钮

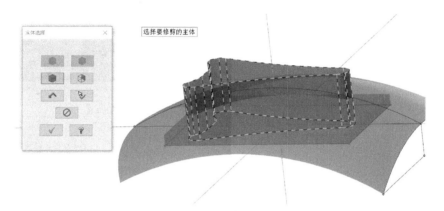

图 9-1-22 修剪实体

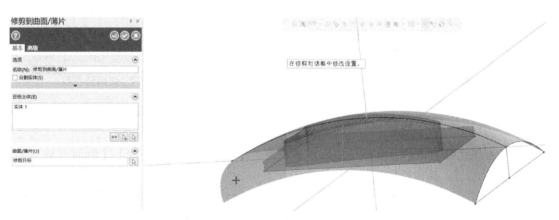

图 9-1-23 切割后的效果

图 9-1-24 【消隐】按钮

139

选择【固定半倒圆角】命令，如图 9-1-25 所示。拾取倒圆角的曲面边界，如图 9-1-26 所示，拾取完后单击 按钮，倒圆角参数如图 9-1-27 所示，实体生成完毕。

图 9-1-25　【固定半倒圆角】按钮

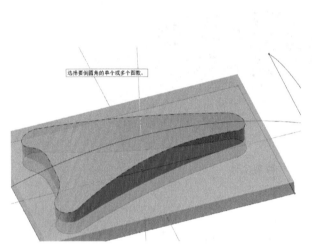

图 9-1-26　拾取曲面边界

图 9-1-27　倒圆角参数

二、实体生成刀具路径

本次加工主要使用的命令有【曲面粗切挖槽】【曲面精修等距环绕】【沿面五轴加工】【曲面五轴加工】，具体操作步骤如下。

步骤一　设置机床。单击【机床】→【铣床】→【默认】按钮，会出现刀具路径操作管理器，可通过图 9-1-28 所示的按钮打开和关闭刀具路径操作管理器。

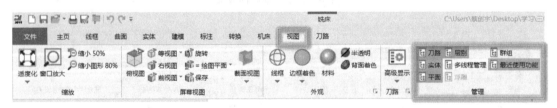

图 9-1-28　【管理】按钮

步骤二　设置毛坯。毛坯参数如图 9-1-29 所示，选择【边界盒】后对工作区域的实体进行拾取操作，拾取效果如图 9-1-30 所示。按照图 9-1-31 所示将 Z 值改为 31.0，毛坯生成后效果如图 9-1-32 所示。

项目九　五轴加工

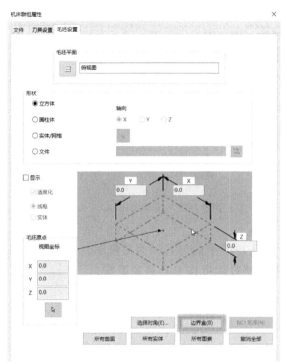

图 9-1-29　毛坯参数设置

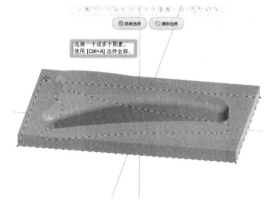

图 9-1-30　拾取效果

图 9-1-31　修改毛坯参数

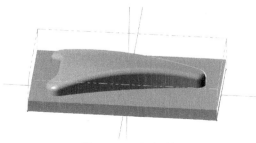

图 9-1-32　生成毛坯

141

步骤三 建立刀具路径。

1) 选择【挖槽】命令，选择所有实体面，如图 9-1-33 所示。选择图 9-1-34 所示的矩形作为加工范围。按照图 9-1-35 所示选择直径为 12mm 的平铣刀，参照图 9-1-36 设置主轴转速、进给速率、下刀速率、提刀速率等参数。如图 9-1-37 所示，加工面预留量设置为 1.0。粗切参数如图 9-1-38 所示，Z 最大步进量设置为 3。生成的刀具路径如图 9-1-39a 所示。如果出现图 9-1-39b 所示的错误刀具路径，是因为图 9-1-40 中的刀具面为前视图，只需将视图切换为俯视图即可。如图 9-1-41 所示，验证刀具路径后可将刀具路径隐藏。

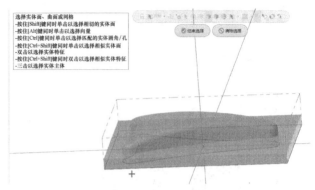

图 9-1-33　选择实体面

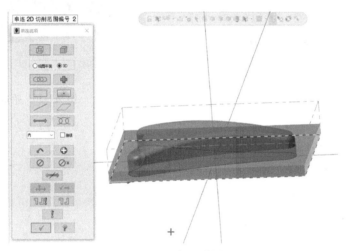

图 9-1-34　加工范围

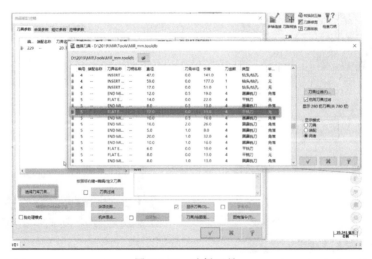

图 9-1-35　选择刀具

项目九　五轴加工

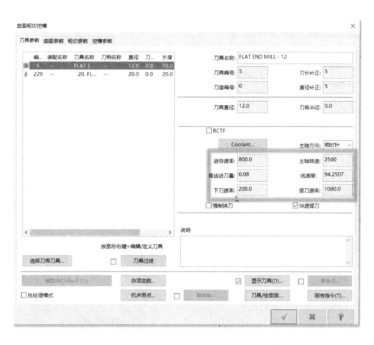

图 9-1-36　刀具参数设置

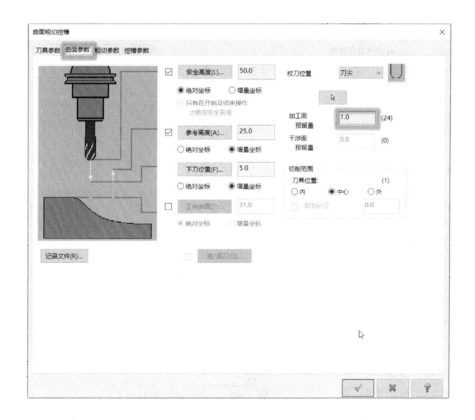

图 9-1-37　挖槽曲面参数设置

图 9-1-38 挖槽粗切参数设置

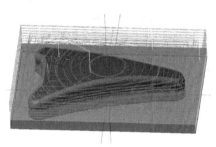

a) 正确刀具路径

b) 错误刀具路径

图 9-1-39 刀具路径

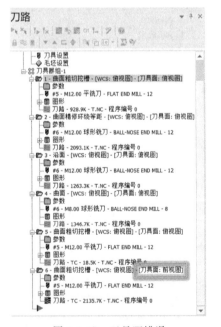

图 9-1-40 刀具面错误

图 9-1-41 【切换显示已选择的刀路操作】按钮

2）选择【铣床刀路】→【曲面精修】→【环绕】，如图9-1-42所示，选择图9-1-43所示的实体面，按照图9-1-44所示选择直径为12mm的球形铣刀。在【曲面参数】选项卡中设置加工面预留量为0.5，如图9-1-45所示。按照图9-1-46所示设置环绕等距精修参数。生成的刀具路径如图9-1-47所示。

图9-1-42 选择【曲面精修】→【环绕】

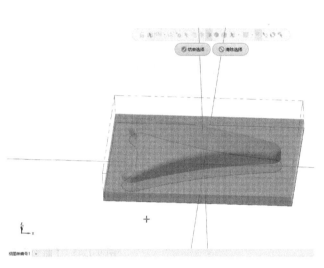

图9-1-43 切削曲面选择

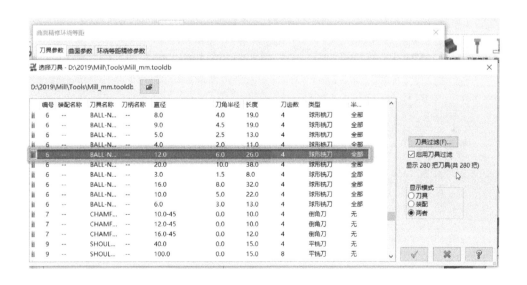

图9-1-44 选择刀具

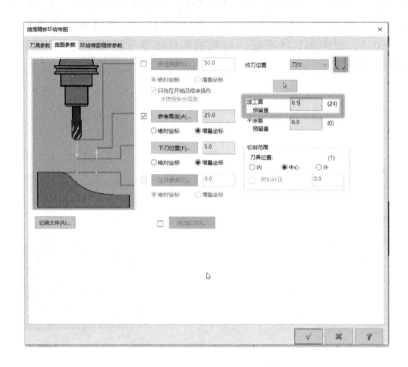

图 9-1-45 【曲面参数】设置

图 9-1-46 【环绕等距精修参数】设置

3）选择【多轴加工】→【基本模型】→【沿面】，如图 9-1-48 所示。选择直径为 12mm 的球形铣刀，参数设置如图 9-1-49 所示。在切削方式中选择图 9-1-51 所示曲面，切削间距设置为 0.2，如图 9-1-50 所示。在图 9-1-52 所示的【刀轴控制】界面中选择该曲面，生成的刀具路径如图 9-1-53 所示。

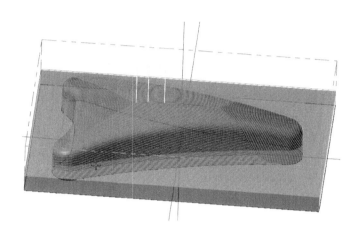

图 9-1-47　生成的刀具路径（一）

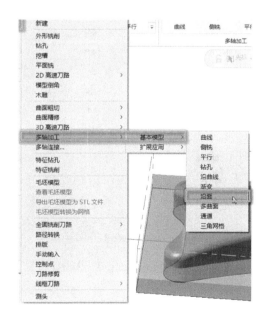

图 9-1-48　沿面多轴加工

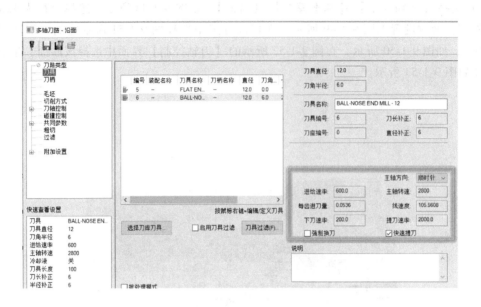

图 9-1-49　刀具参数

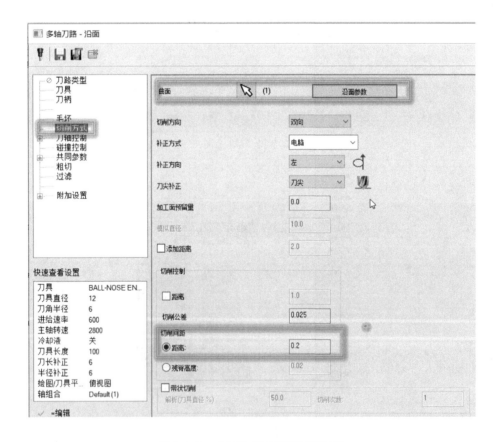

图 9-1-50　曲面选择及切削间距设置

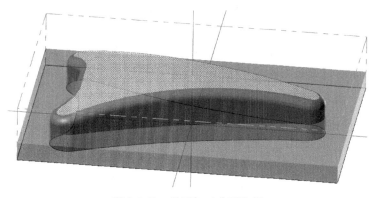

图 9-1-51 沿面加工曲面选择

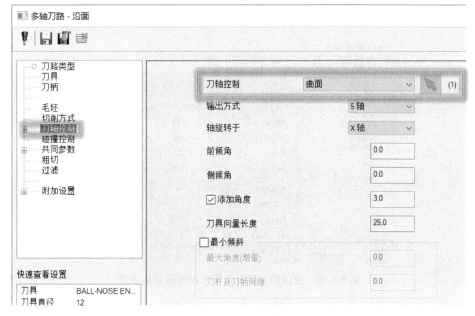

图 9-1-52 刀轴控制设置

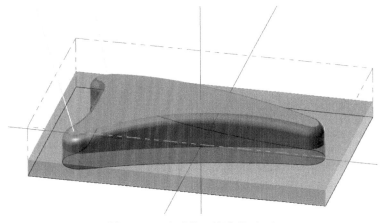

图 9-1-53 生成的刀具路径（二）

4）选择【多轴加工】→【多曲面】命令加工圆弧倒角，如图 9-1-54 所示。选择直径为 8mm 的球形铣刀，刀具参数如图 9-1-55 所示。如图 9-1-56 所示，在【切削方式】→【模型选项】中选择图 9-1-57 中的圆弧倒角面。生成的刀具路径如出现图 9-1-58 所示的过切现象，可在图 9-1-59 所示的【多轴刀路-多曲面】对话框中设置沿面参数。图 9-1-60 所示为步进方向的选择。

图 9-1-54 【多曲面】命令

图 9-1-55 圆弧倒角刀具参数

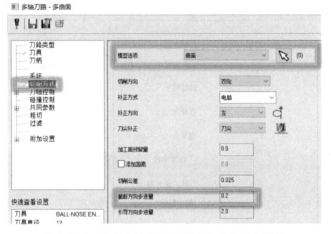

图 9-1-56 曲面的选择及截断方向步进量的设置

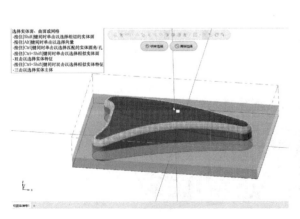

图 9-1-57 选择加工曲面

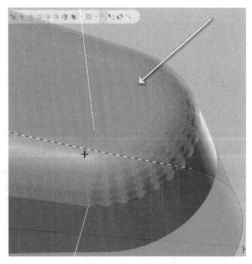

图 9-1-58 错误刀具路径（出现过切）

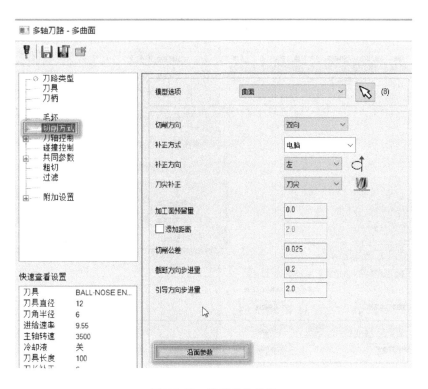

图 9-1-59 沿面参数设置

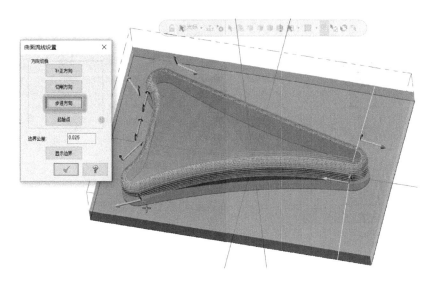

图 9-1-60 步进方向选择

5）选择【挖槽】命令，按照之前的操作步骤选择曲面、切削范围。选取直径为 12mm 的平铣刀，参数设置如图 9-1-61 所示。曲面参数设置如图 9-1-62 所示，粗切参数设置如图 9-1-63 所示，挖槽参数设置如图 9-1-64 所示。

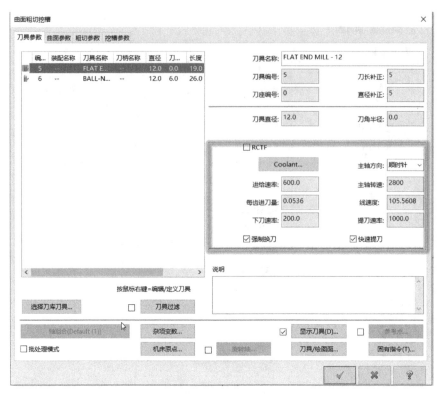

图 9-1-61　刀具参数设置

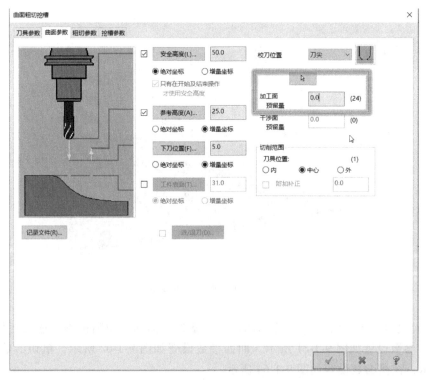

图 9-1-62　曲面参数设置

图 9-1-63 粗切参数设置

图 9-1-64 挖槽参数设置

6）模拟刀具路径，如图 9-1-65 所示，在【刀具群组】后单击箭头所指按键，仿真验证结果如图 9-1-66 所示。

图 9-1-65 模拟刀具路径说明

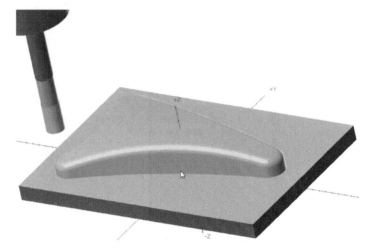

图 9-1-66 仿真验证结果

【任务评价】

序号	评价内容与要求	分值	自我评价（25%）	小组评价（25%）	教师评价（50%）
1	学习态度	5			
2	正确绘制草图	5			
3	正确生成所绘制草图的实体	10			
4	合理选择铣床	5			
5	合理设置毛坯	5			
6	合理选用加工命令	10			
7	正确选取需要铣削的轮廓或线段	5			
8	合理选定刀具及切削参数	15			
9	合理选定共同参数	5			
10	验证刀具路径的正确性	10			
11	任务实施方案的可行性、完成速度	5			
12	学习成果展示与问题作答	10			
13	安全、规范、文明操作	10			
	总分	100	合计：		

项目九 五轴加工

任务二 球面五轴加工

【任务描述】

绘制图 9-2-1 所示零件,加工设置后完成仿真验证。

【任务分析】

本次任务分为实体建模和实体生成刀具路径两部分,主要运用到的实体命令有【旋转】【拉伸】和【曲面粗切挖槽】【沿面五轴加工】等。

【任务实施】

一、实体建模

步骤一 创建半圆实体。在右视图中画四分之一圆,尺寸如图 9-2-2 所示,前视图方向线框如图 9-2-3 所示。

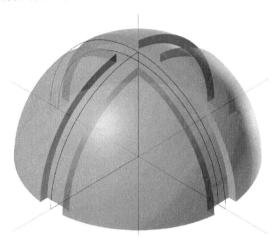

图 9-2-1 球面三维模型

图 9-2-2 右视图

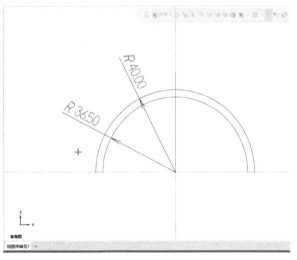

图 9-2-3 前视图

步骤二 如图 9-2-4 所示,选择【旋转】命令,串连选择图 9-2-5 所示轮廓,旋转轴为图 9-2-6 中箭头所指轴,生成半圆球实体。

步骤三 在前视图方向选择【实体】→【拉伸】命令,串连选择如图 9-2-7 所示,参数设置如图 9-2-8 所示。选择【实体】→【旋转阵列】命令,选中图 9-2-9 所示的切割实体,参数设置如图 9-2-10 所示,生成切割实体。

155

图 9-2-4 【旋转】命令

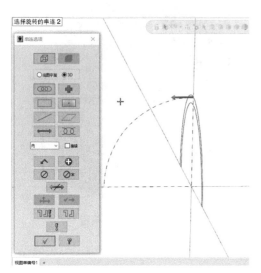

图 9-2-5 旋转串连选择

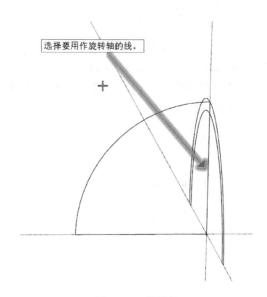

图 9-2-6 旋转轴

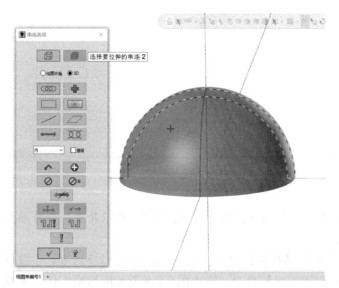

图 9-2-7 拉伸串连选择

图 9-2-8 拉伸参数设置

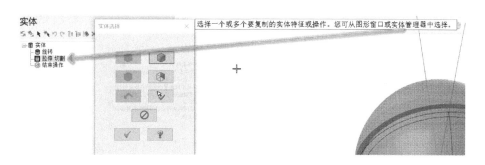

图 9-2-9 选择旋转阵列特征

二、实体生成刀具路径

步骤一 选择机床,按照实体建立毛坯,毛坯边界盒尺寸如图 9-2-11 所示。生成的毛坯如图 9-2-12 所示。

步骤二 在俯视图原点绘制半径为 50mm 的圆。执行【挖槽】命令,框选所有加工面,如图 9-2-13 所示,以图 9-2-14 中箭头所指半径为 50mm 的圆为轮廓选取切削范围。在刀库中选择直径为 12mm 的平铣刀,刀具参数设置如图 9-2-15 所示,曲面参数设置如图 9-2-16 所示,粗切参数设置如图 9-2-17 所示。生成的刀具路径如图 9-2-18 所示。

图 9-2-10 旋转阵列参数设置

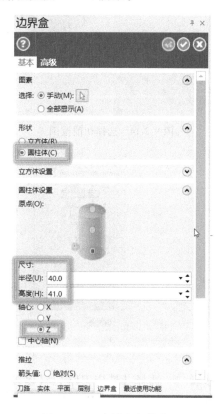

图 9-2-11 边界盒参数设置

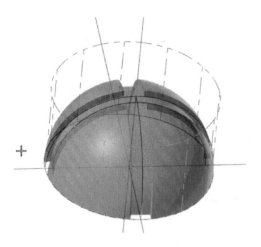

图 9-2-12 毛坯生成

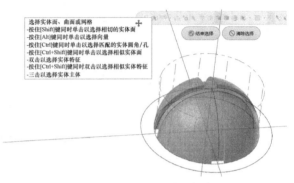

图 9-2-13 选择加工面

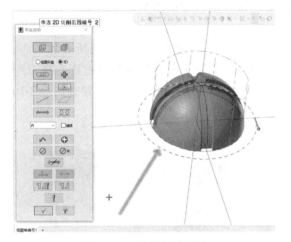

图 9-2-14 选择切削范围

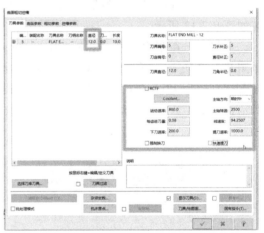

图 9-2-15 刀具参数设置

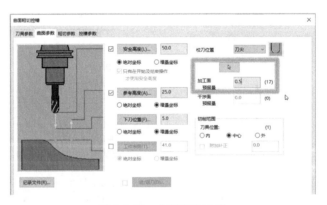

图 9-2-16 曲面参数设置

步骤三 选择【铣床刀路】→【多轴加工】→【基本模型】→【沿面】命令。在刀库中选择直径为 12mm 的球形铣刀，刀具参数如图 9-2-19 所示。切削间距调整为 0.5，如图 9-2-20 所示；【曲面】选择图 9-2-21 所示的四个面。曲面流线设置如图 9-2-22 所示，单击【切削方向】将纵向改为横向。如图 9-2-23 所示，在【刀轴控制】中选择【曲面】。生成的刀具路径如图 9-2-24 所示。

图 9-2-17　粗切参数设置　　　　　　　　　图 9-2-18　生成的刀具路径（一）

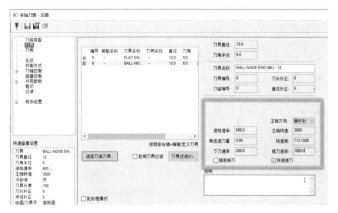

图 9-2-19　刀具参数

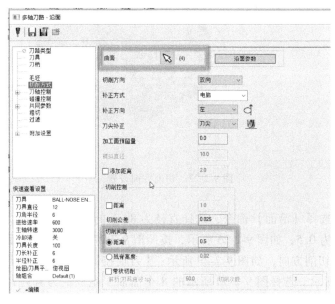

图 9-2-20　曲面选择及切削间距设置

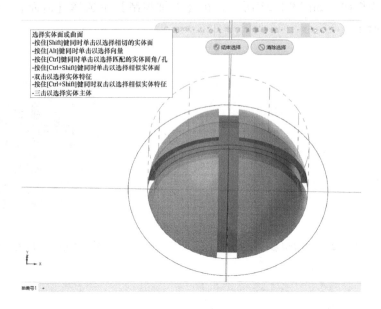

图 9-2-21　选择加工面

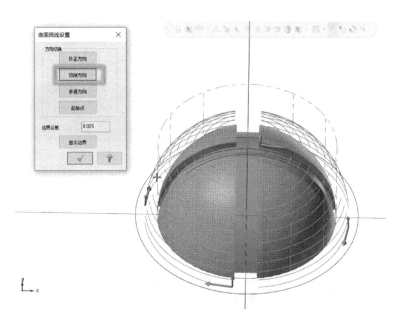

图 9-2-22　切削方向设置

步骤四　再次选择【沿面】命令，选择直径为 8mm 的平铣刀，刀具参数如图 9-2-25 所示。切削间距调整为 0.5，如图 9-2-26 所示，按照图 9-2-27 所示选择曲面。在【曲面流线设置】对话框中确定切削方向，如图 9-2-28 所示；【刀轴控制】设置为【曲面】，选择【干涉面】，如图 9-2-29 所示。选择图 9-2-30 所示的 8 个曲面，生成的刀具路径如图 9-2-31 所示。仿真验证结果如图 9-2-32 所示。

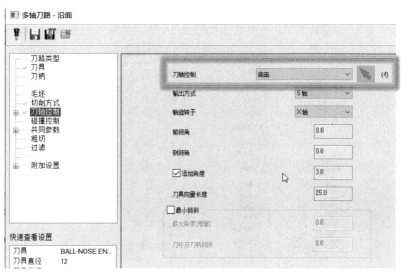

图 9-2-23　刀轴控制设置

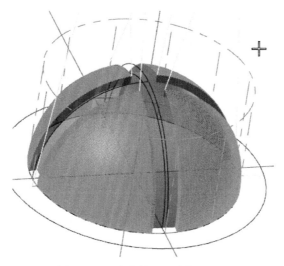

图 9-2-24　生成的刀具路径（二）

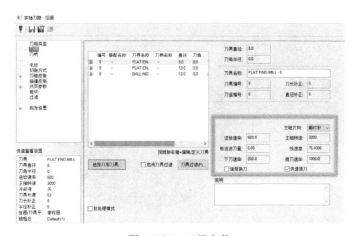

图 9-2-25　刀具参数

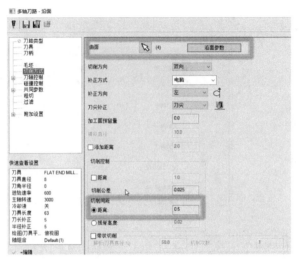

图 9-2-26　曲面选择及切削间距设置

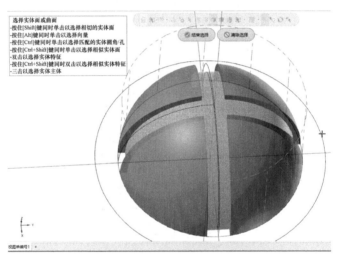

图 9-2-27　加工曲面选择

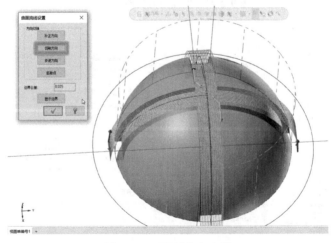

图 9-2-28　切削方向选择

项目九 五轴加工

图 9-2-29 干涉曲面设置

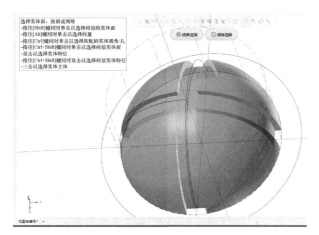

图 9-2-30 选择干涉曲面

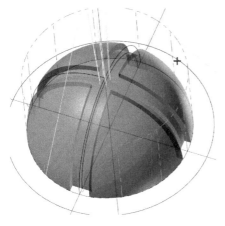

图 9-2-31 生成的刀具路径（三）

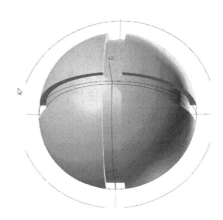

图 9-2-32 仿真验证结果

步骤五　仿真加工，结果如图 9-2-30 所示。

【任务评价】

序号	评价内容与要求	分值	自我评价（25%）	小组评价（25%）	教师评价（50%）
1	学习态度	5			
2	正确绘制草图	5			
3	正确生成所绘制草图的实体	10			
4	合理选择铣床	5			
5	合理设置毛坯	5			
6	合理选用加工命令	10			
7	正确选取需要铣削的轮廓或线段	5			
8	合理选定刀具及切削参数	15			
9	合理选定共同参数	5			
10	验证刀具路径的正确性	10			
11	任务实施方案的可行性,完成速度	5			
12	学习成果展示与问题作答	10			
13	安全、规范、文明操作	10			
总分		100	合计:		

任务三　内轮廓五轴加工

【任务描述】

绘制图 9-3-1 所示的实体，进行加工设置并完成仿真验证。

【任务分析】

本次任务分为实体建模和实体生成刀具路径两部分。其中，实体建模用到的实体命令有【立方体】【拉伸】【修剪到曲面】，曲面命令有【扫描】等；实体生成刀具路径用到的命令有【曲面粗切挖槽】【沿面五轴加工】【曲面精修流线】等。

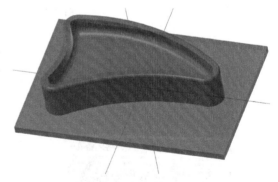

图 9-3-1　内轮廓三维模型

【任务实施】

一、实体建模

步骤一　绘制尺寸如图 9-3-2 所示的长方体和凸台，150mm×100mm 长方体的拉伸高度为 5mm，凸台的高度为 25mm，生成的实体如图 9-3-3 所示。

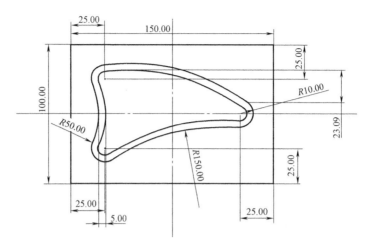

图 9-3-2 实体尺寸

步骤二　在前视图方向对曲面建模，绘制半径为 515mm、圆心为（0，-500，0）的圆。使用【平移】命令将圆弧向 Y 轴两边各平移 50mm，如图 9-3-4 所示，将一端用直线命令连接起来并删除多余图素，结果如图 9-3-5 所示。使用【扫描】命令生成图 9-3-6 所示曲面。

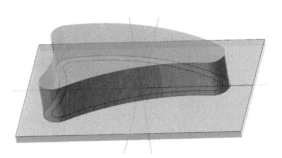

图 9-3-3　凸台拉伸实体

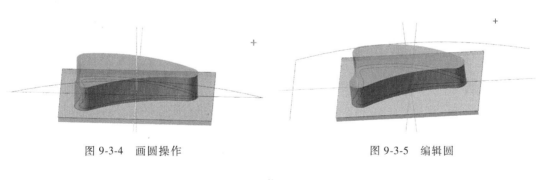

图 9-3-4　画圆操作　　　　　　图 9-3-5　编辑圆

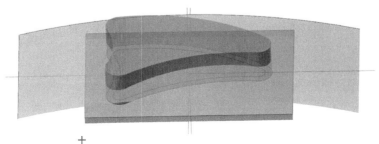

图 9-3-6　生成曲面

步骤三 使用【拉伸】命令拾取图 9-3-7 所示的串连图素，拉伸高度为 30mm，拉伸结果如图 9-3-8 所示。使用【修剪到平面】命令，对生成的实体进行切割，切割完如图 9-3-9 所示。使用【布尔运算】命令，选取图 9-3-3 中高 25mm 的凸台作为目标进行切割操作，图 9-3-8 中高 30mm 的凸台为切割工具主体，切割完如图 9-3-10 所示。将图 9-3-11 所示的圆弧过渡设置为 5mm，图 9-3-12 所示的圆弧过渡设置为 2mm，完成后的效果如图 9-3-13 所示。

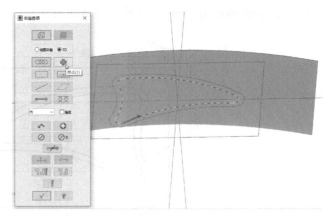

图 9-3-7 拉伸串连选项

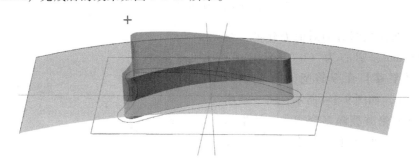

图 9-3-8 拉伸完成

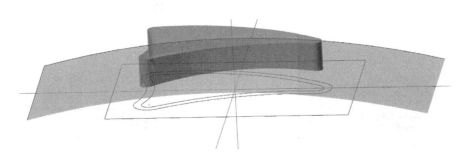

图 9-3-9 曲面切割实体

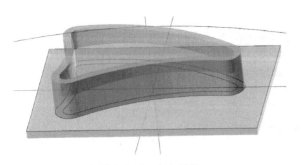

图 9-3-10 布尔运算

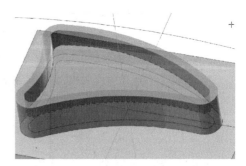

图 9-3-11 圆弧倒角选择（一）

项目九　五轴加工

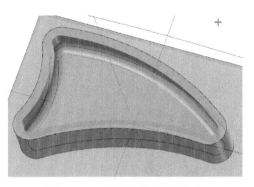

图9-3-12　圆弧倒角选择（二）

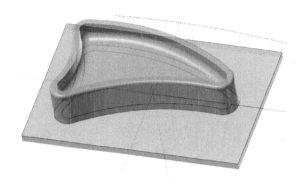

图9-3-13　圆弧倒角完成

二、实体生成刀具路径

步骤一　设置机床，用【边界盒】命令建立毛坯，参数如图9-3-14所示。

步骤二　选择【挖槽】命令，框选图9-3-15所示的实体，切削范围如图9-3-16所示。选择直径为12mm的平铣刀，刀具参数如图9-3-17所示，曲面参数如图9-3-18所示，粗切参数如图9-3-19所示。生成的刀具路径如图9-3-20所示。

步骤三　选择【曲面精修】→【流线】命令，选择图9-3-21所示的实体面，干涉曲面选择如图9-3-22所示。选择直径为8mm的平铣刀，刀具参数如图9-3-23所示。如果出现图9-3-24所示的警告信息，是因为在参数设置中干涉面和加工面预留量参数相同，可返回更改公差或者预留量，生成的刀具路径如图9-3-25所示。

图9-3-14　【边界盒】参数

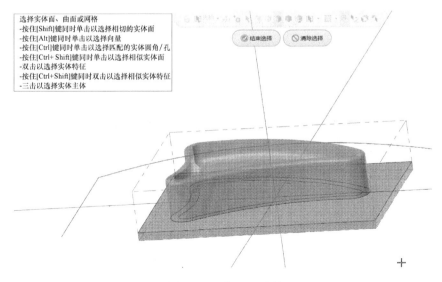

图9-3-15　加工面选择

167

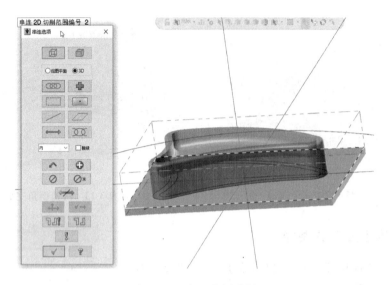

图 9-3-16 加工范围选择

图 9-3-17 粗切刀具参数设置

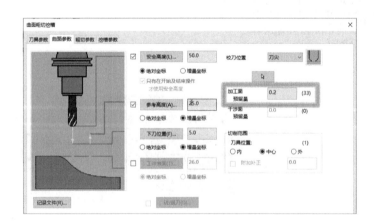

图 9-3-18 粗切曲面参数设置

项目九 五轴加工

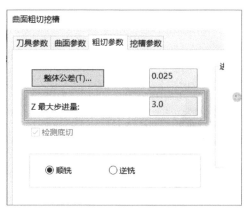

图 9-3-19 粗切参数设置

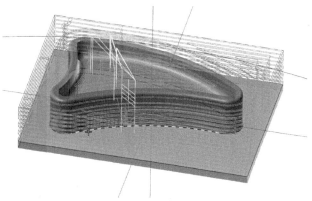

图 9-3-20 粗切刀具路径

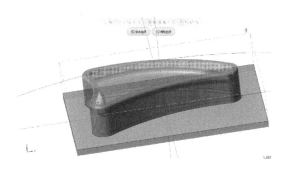

图 9-3-21 加工曲面选择

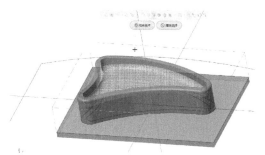

图 9-3-22 干涉曲面选择

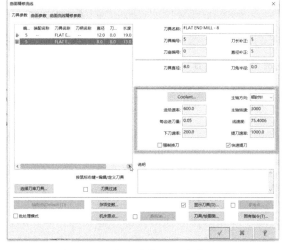

图 9-3-23 曲面精修刀具参数设置

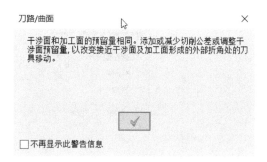

图 9-3-24 警告信息

步骤四 选择【挖槽】命令,选择直径为 16mm 的平铣刀,刀具参数如图 9-3-26 所示,曲面参数中加工面预留量设置为 0,粗切参数如图 9-3-27 所示,生成的刀具路径如图 9-3-28 所示。

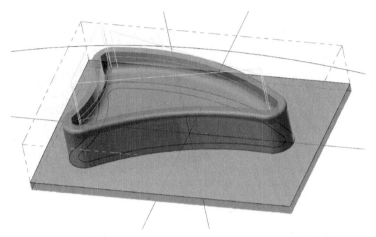

图 9-3-25　曲面精修刀具路径

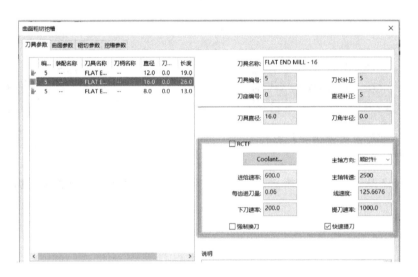

图 9-3-26　挖槽刀具参数设置

图 9-3-27　挖槽粗切参数

项目九 五轴加工

步骤五 绘制高度为 50mm、经过原点的垂线，选择【沿面】命令。刀具选择直径为 3mm 的球形铣刀，刀具参数如图 9-3-29 所示。选择图 9-3-30 所示的曲面，曲面流线设置如图 9-3-31 所示，切削方向设置为双向，切削间距设置为 0.3，如图 9-3-32 所示。线性刀轴控制拾取图 9-3-33 所示垂直线，方向向上，生成的刀具路径如图 9-3-34 所示。

步骤六 复制步骤五生成的沿面加工刀具路径，粘贴后生成图 9-3-35 所示

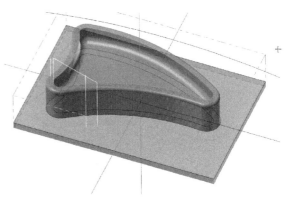

图 9-3-28 挖槽刀具路径

的新刀具路径，选择图 9-3-36 所示的曲面，在【曲面流线设置】中选择切削方向为纵向，生成的刀具路径如图 9-3-37 所示。

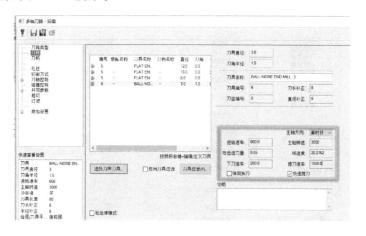

图 9-3-29 沿面刀具参数设置

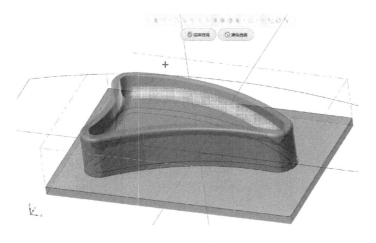

图 9-3-30 加工曲面选择

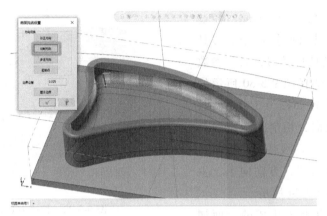

图 9-3-31 切削方向选择

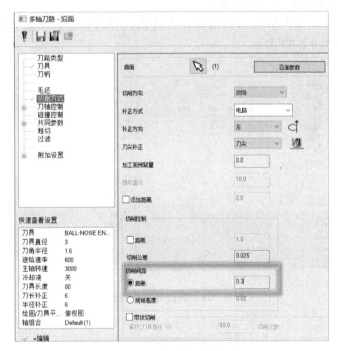

图 9-3-32 切削间距设置

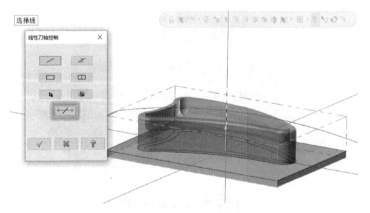

图 9-3-33 线性刀轴控制

项目九 五轴加工

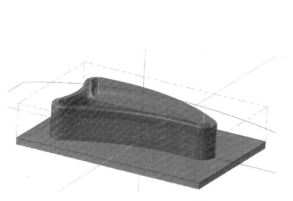

图 9-3-34 沿面加工刀具路径

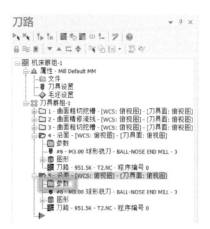

图 9-3-35 参数设置

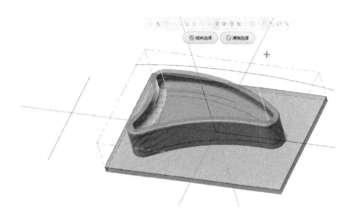

图 9-3-36 选择加工曲面

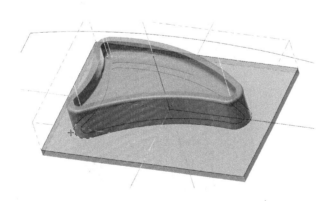

图 9-3-37 生成的刀具路径（一）

步骤七 重复步骤六操作，选择的曲面如图 9-3-38 所示。生成刀具路径如图 9-3-39 所示。

步骤八 重复步骤六操作，选择图 9-3-40 所示的曲面，将【曲面流线设置】中的切削方向改为横向，生成的刀具路径如图 9-3-41 所示。

173

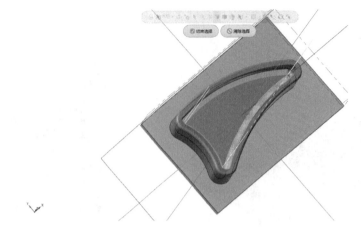

图 9-3-38　加工曲面选择

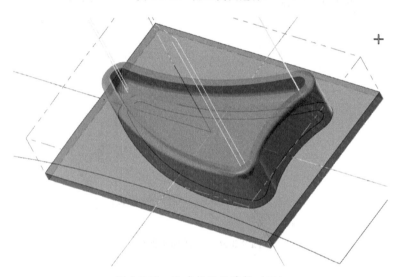

图 9-3-39　生成的刀具路径（二）

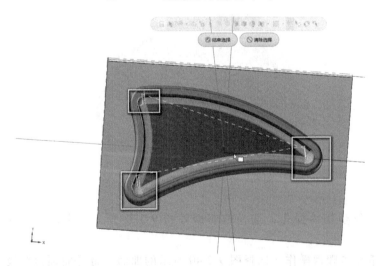

图 9-3-40　加工曲面选择

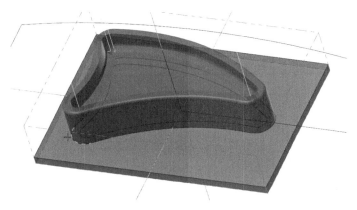

图 9-3-41 生成的刀具路径(三)

步骤九 复制并粘贴生成新的沿面加工,选择图 9-3-42 所示的曲面,切削方向如图 9-3-43所示,生成的刀具路径如图 9-3-44 所示。

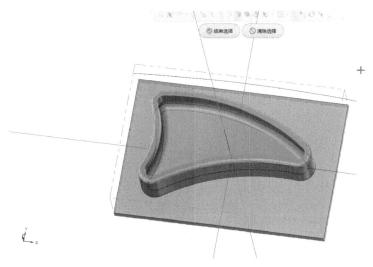

图 9-3-42 加工曲面选择

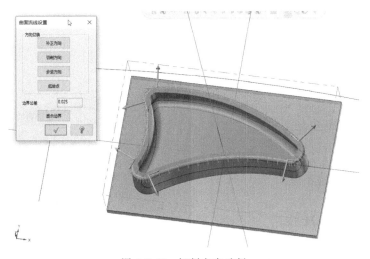

图 9-3-43 切削方向选择

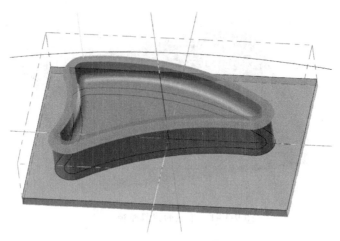

图 9-3-44　生成的刀具路径（四）

步骤十　重复步骤九操作，选择图 9-3-45 所示曲面，在【曲面流线设置】中将切削方向改为横向，如图 9-3-46 所示，【线性刀轴控制】由直线改为曲面，生成的刀具路径如图 9-3-47 所示。选中所有刀具路径进行模拟，仿真验证结果如图 9-3-48 所示。

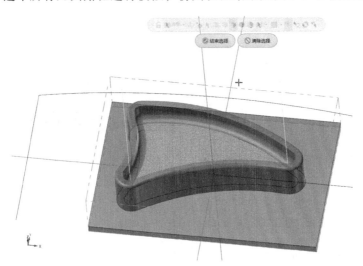

图 9-3-45　加工曲面选择

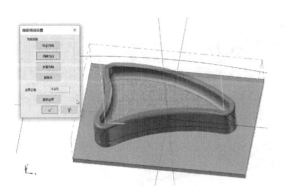

图 9-3-46　切削方向选择

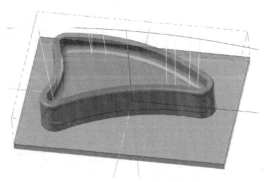

图 9-3-47　生成的刀具路径（五）

项目九　五轴加工

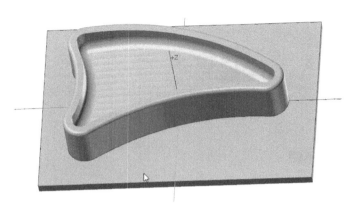

图 9-3-48　仿真验证结果

【任务评价】

序号	评价内容与要求	分值	自我评价（25%）	小组评价（25%）	教师评价（50%）
1	学习态度	5			
2	正确绘制草图	5			
3	正确生成所绘制草图的实体	10			
4	合理选择铣床	5			
5	合理设置毛坯	5			
6	合理选用加工命令	10			
7	正确选取需要铣削的轮廓或线段	5			
8	合理选定刀具及切削参数	15			
9	合理选定共同参数	5			
10	验证刀具路径的正确性	10			
11	任务实施方案的可行性、完成速度	5			
12	学习成果展示与问题作答	10			
13	安全、规范、文明操作	10			
	总分	100	合计：		

任务四　Mastercam2019 新功能——刀路分析

模拟生成的刀路可使用【刀路分析】命令，以颜色进行区分，帮助分析模拟加工过程中的刀具路径，如图 9-4-1 所示。【刀路分析】命令位于【视图】菜单栏下，如图 9-4-2 所示。图 9-4-3 所示为【刀路分析】界面，单击下拉菜单按钮，可对操作、刀具、进给率、线段长度进行设置。图 9-4-4 所示为模拟中产生的不同颜色的刀路。

图 9-4-1　刀路显示按钮

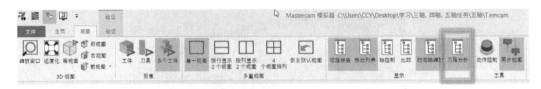

图 9-4-2 【刀路分析】命令位置

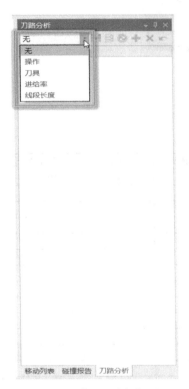

图 9-4-3 【刀路分析】界面

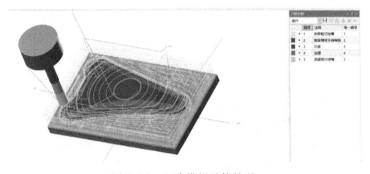

图 9-4-4 刀路模拟具体情况

项目十　数控加工工艺

一、数控加工

数控加工是指在数控机床上进行零件加工的一种工艺方法。数控机床由数控加工语言进行编程控制，通常为 G 代码。用 G 代码编程给数控机床下达命令，告诉数控机床应采取的操作，以控制刀具的进给速度、主轴转速、切削液等。

数控加工相对手动加工具有很大的优势，如数控加工可以生产手动加工无法完成的复杂外形零件，而且数控加工生产出的零件非常精确并具有可重复性。大多数机加工车间都具有数控加工能力，数控加工技术现已普遍推广，典型的机加工车间中最常见的数控加工方式有数控铣、数控车和数控线切割等。

进行数控铣的工具称为数控铣床或数控加工中心。进行数控车削加工的车床称为数控车床。通常机加工车间用计算机辅助制造（CAM）软件自动读取计算机辅助设计（CAD）文件并生成 G 代码程序对数控机床进行控制。

二、数控加工工艺选择

加工工艺包含的内容很多，其中包括选择切削用量、选择刀具、选择夹具、确定加工路线、设置加工余量等。

1. 合理选择切削用量

在切削用量中，加工材料、切削工具、切削条件这三大要素决定着加工时间、刀具寿命和加工质量。这三大要素是息息相关的，既相互联系又相互制约。经济有效的加工方式必然是合理地选择了切削条件。

加工材料决定了要选用的切削工具和切削条件，选择合适的工具和条件会让整个加工看起来赏心悦目，有一种很流畅的感觉。根据加工材料选择合适的切削工具，这对加工极为重要，刀具的硬度要大于材料的硬度。

切削条件的三要素是切削速度、进给量和切削深度。伴随着切削速度的提高，刀尖温度会上升，会对刀具产生磨损，使得切削力度下降，刀具切削材料会越来越吃力，并且刀具寿命也会相应缩短，直至报废或者引起断刀。

进给量的大小决定了刀具的磨损和寿命。进给量大，切削温度上升，磨损也随之增加，如果没有冷却，进给量也没有减小的话，可能会引起熔料，这是因为刀具与材料之间的温度过高，达到了材料的熔点，熔化的材料就会粘在刀上，使得切削刃切削不到材料，切削阻力就会随之增大，这样可能就会引起断刀。

有规律的、稳定的磨损，直至刀具达到寿命才是理想的情况。最适合的加工条件是在这些因素的基础上选定的。然而，在实际加工中，刀具的寿命与刀具磨损、机床的情况、表面粗糙程度、切削时的温度变化、加工时的冷却情况等有关。在确定加工条件时，需要根据实际情况进行研究。对于不锈钢和耐热合金等难加工材料来说，可以采用切削液或选用刚性好的切削刃。

2. 合理选择刀具

粗加工时，要选择使用寿命长、强度高的刀具，以满足粗加工时较大的背吃刀量和进给量的要求。

半精加工或精加工时，要选择使用寿命长、精度高的刀具，以保证加工精度在要求范围以内。

3. 合理选择夹具

应选择合适的夹具，如方形材料使用台虎钳或者压板，而圆形材料使用自定心卡盘。特殊的毛坯需要使用特殊的夹具，可根据需要制作或者定做。

4. 确定加工路线

加工路线是指在数控机床加工过程中，刀具相对于零件的运动轨迹和方向。所确定的加工路线应能保证加工精度和表面粗糙度要求，应尽量缩短加工路线，减少刀具空走时间。

5. 设置加工余量

应把毛坯上过多的余量，特别是含有锻、铸硬皮层的余量安排在普通机床上加工，这样能把多余的、不需要的毛坯去除掉。当需要使用数控机床加工时，则应注意程序的灵活安排。路线要合理，避免过切和空走刀；加工余量留得要合理，避免精加工后零件尺寸精度超差。

三、加工参数计算

1. 线速度计算

$$v_c = \pi dn/1000$$

式中，v_c 是线速度（m/min），由刀具材料、工件材料和切削条件决定；d 是刀具直径（mm）；n 是主轴转速（r/min），由刀具材料和工件决定。

2. 主轴转速计算

$$n = v_c \times 1000/\pi d$$

在数控机床编程中，n 表示主轴转速设定值。

3. 进给量计算

$$f = nzf_z$$

式中，f 是进给量（mm/min）；z 是刀具的刃数；f_z 是每刃进给量（mm/min）。

四、粗加工、半精加工与精加工

1. 粗加工

以项目九中任务一为例进行说明。粗加工是指留下半精加工和精加工所要切削的余量，去除所要得到的零件以外的毛坯。粗加工的过程要求尽可能地快，所以应使用直径较大的刀具进行切削,进给方面也可以根据背吃刀量取较大的值,但应保证刀路的合理性,不能产生过切,以免破坏零件的完整性。要注意加工余量的数值,余量过小,则精加工时容易产生误差;余量过大,则会使精加工时的工作量变大。粗加工零件可以几个轮廓一起进行加工。一般来说,除了一些特殊零件的粗加工外,都使用快速的三轴加工。一般粗加工留余量0.3~0.5mm,如果有半精加工,则一般为0.8~1mm。图10-1所示为粗加工刀具路径,该刀具路径能够将零件的大致形状铣削出来,图10-2所示为粗加工模拟后的效果。

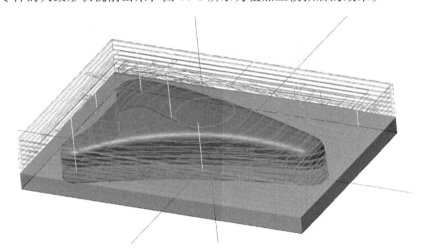

图10-1 粗加工刀具路径

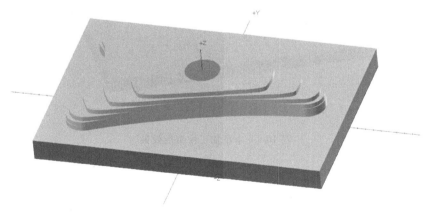

图10-2 粗加工模拟后效果

2. 半精加工

半精加工是在粗加工的基础上再进行一次留有余量的加工,这个过程一般比较精细,适用于粗加工后还留有比较多的毛坯,不适合采用精加工的情况。如图10-2所示,曲面形状还未出来,这时进行精加工,会因余量分布不均匀而出现刀具一时切得少一时切得多的情况,使得加工表面粗糙度达不到技术要求,所以需要进行半精加工。图10-3所示为半精加工刀具路径,这样可使余量变得均匀,从而在精加工完成后表面会更加光滑。半精加工一般留余量0.2~0.5mm。图10-4所示为半精加工模拟后的效果,可见零件轮廓更加清晰且留有余量进行精加工。

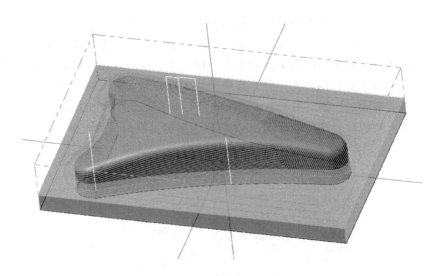

图 10-3　半精加工刀路

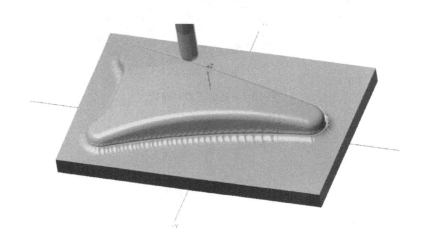

图 10-4　半精加工模拟后效果

3. 精加工

精加工是指为了使零件达到实际几何参数所进行的加工，精加工后，技术要求与公差要求均应达到标准。精加工需要分类对各个面进行加工，如上表面精加工、底面精加工、圆弧倒角与倒角的精加工。粗加工与半精加工可能只需要一道程序，而精加工则需要对不同轮廓生成不同的程序进行加工。图 10-5、图 10-6 所示为上表面和圆弧过渡曲面精加工刀具路径。图 10-7 所示为精加工模拟后的曲面，表面粗糙度值较之前有了很大的降低。

底面和侧壁的精加工刀具路径如图 10-8 所示。这里将挖槽粗加工当作精加工程序使用，因为挖槽粗加工程序中有铣平面选项，这里底面与侧壁成 90°角，所以两个可以一起加工，相较于粗加工，精加工刀具路径只需要将底面与侧壁的余料均匀地铣削掉即可。图 10-9 所示为底面和侧壁精加工模拟后的效果。

项目十 数控加工工艺

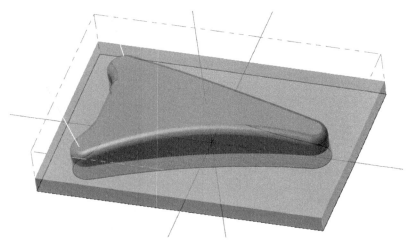

图 10-5 上表面精加工刀具路径

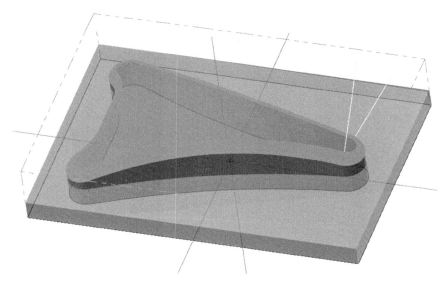

图 10-6 圆弧过渡曲面精加工刀具路径

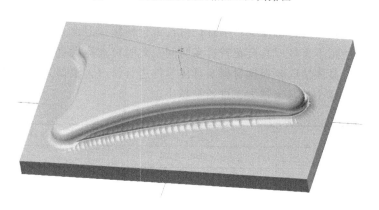

图 10-7 上表面与圆弧过渡曲面精加工模拟后效果

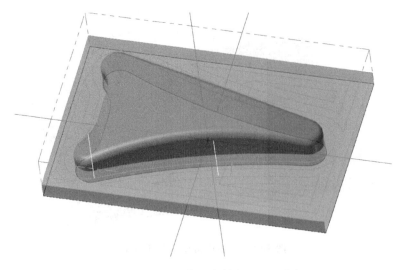

图 10-8 底面和侧壁的精加工刀具路径

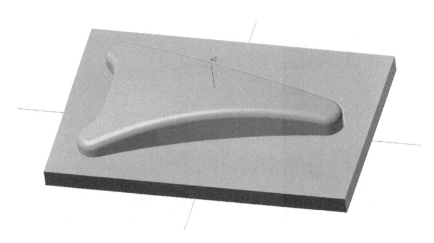

图 10-9 底面和侧壁精加工模拟后效果

五、常用刀具参数（铝料）

通常使用大直径刀具进行粗加工、小直径刀具进行精修，但也有特殊情况。如果是精修比较大的曲面，则使用小直径刀具会花费过多时间，此时可选择大直径刀具。常用刀具参数设置建议见表 10-1，具体情况要根据材料及具体零件进行修改，根据刀具参数的计算公式计算出数值，刀具尺寸越小，转速越大，进给量越小。

表 10-1 常用刀具参数设置建议

	刀具直径 d/mm	转速 n/(r/min)	进给量 f/(mm/min)
立铣刀 （球面铣刀）	18	2000~2500	600~800
	16	2000~2500	600~800
	12	2200~2800	500~800
	10	2500~2800	500~800

(续)

刀具	直径 d/mm	转速 n/(r/min)	进给量 f/(mm/min)
立铣刀（球面铣刀）	8	2600~3000	400~700
	6	3000~3200	400~600
钻头	3（中心钻）	800~1000	500~800
	10（麻花钻）	500~800	200~300
	8（麻花钻）	600~800	200~300
	6（麻花钻）	700~1000	100~200

参 考 文 献

[1] 张超，王凯. 机械 CAD/CAM 应用技术——MasterCAM X [M]. 上海：上海交通大学出版社，2011.
[2] 黄爱华. Mastercam 基础教程 [M]. 2 版. 北京：清华大学出版社，2009.
[3] 顾国强. 机械 CAD/CAM（Mastercam）[M]. 北京：机械工业出版社，2016.